B.I.-Hochschultaschenbücher
Band 327

Grundsätze der Bodenbildung

Ein Beitrag zur theoretischen Bodenkunde

von
Robert Ganssen
emer. o. Prof. an der Universität Freiburg/Br.

Bibliographisches Institut Mannheim/Wien/Zürich
B.I.-Wissenschaftsverlag

Alle Rechte vorbehalten
Nachdruck, auch auszugsweise, verboten
© Bibliographisches Institut AG, Mannheim 1965
Druck und Bindearbeit: Verlag Anton Hain, Meisenheim/Glan
Printed in Germany
ISBN 3-411-00327-8
C

Vorwort

Das vorliegende Hochschultaschenbuch ist hauptsächlich für Studierende der Geowissenschaften, der Biologie und der technischen Wissenschaften, soweit diese mit bodenkundlichen Problemen verbunden sind (Agrikulturchemie, Land- und Forstwissenschaften, Kulturtechnik) und für sonstige an der Lehre vom Boden Interessierte bestimmt. Das Buch will ein Kernproblem der wissenschaftlichen Bodenkunde, nämlich Bildungsbedingungen, Entstehung und Dynamik der verschiedenen Typen der Bodenbildung kurz darlegen und damit in seiner Tendenz, wenn auch mit verkürztem Inhalt, an K. D. GLINKAS bekanntes Buch: „Typen der Bodenbildung" aus dem Jahre 1914 anknüpfen. Das vorliegende Taschenbuch verzichtet damit bewußt auf eine Darstellung der *Anwendungsgebiete* der Bodenkunde, die in neuerer Zeit in einer Reihe recht guter Lehrbücher bereits ausreichend vertreten ist (s. Lit.-Verz.); ebenso verzichtet es auf die Schilderung der geographischen *Verbreitung* der Böden in einzelnen Ländern [1]. Die besondere Themendarstellung rechtfertigt die Herausgabe eines solchen Taschenbuches im Rahmen der Reihe des Bibliographischen Instituts, denn erst das Verstehen der wissenschaftlichen Grundlagen der Bodenbildungsprozesse und damit auch der gesamten Bodendynamik ermöglicht eine sinnvolle *Anwendung* bodenkundlicher Lehrsätze in der Praxis der Agrikulturchemie, Land-, Forstwissenschaft und Kulturtechnik der verschiedenen Länder.
Zuletzt einige Hinweise für den Leser:

Die im Text in ( ) gesetzten Zahlen beziehen sich auf die Zahlen im Schriftverzeichnis am Schluß des Taschenbuches. Hier sind die für das weitere Studium wichtigsten Lehrbücher und einige im Buch verwertete Einzelarbeiten aufgeführt. Die Zahlen in [ ] weisen auf Abschnitte dieses Buches hin; sie sind in

---

[1] Siehe dafür: GANSSEN, R., Bodengeographie, Stuttgart 1957

einer Art von Dezimalklassifikation geordnet. Die zu den jeweiligen Abschnitten gehörigen Abbildungen und Übersichten tragen die gleichen Hauptziffern wie die Abschnitte, z. B. 8.3, 11.2 usw.

An dieser Stelle sei auf den jetzt im gleichen Verlage erschienenen „Atlas zur Bodenkunde" (R. GANSSEN u. F. HÄDRICH) hingewiesen.

Für das Verständnis der im vorliegenden Taschenbuch behandelten Probleme werden der Reifeprüfung höherer Schulen entsprechende Kenntnisse in Chemie, Mineralogie, Petrographie, allgemeiner physischer Geographie und Klimatologie vorausgesetzt.

Am Schluß spreche ich dem Verlag des Bibliographischen Instituts meinen Dank für die Ausstattung des Buches aus, insbesondere für die Aufnahme der Farbtafel mit den Bodenprofilen. Ebenso danke ich meinen Mitarbeitern, vor allem den Herren Dr. W. MOLL, Dr. F. HÄDRICH und Dipl.-Forstwirt Dr. W. BLUM für Beratung und sorgfältige Durchsicht des Manuskripts.

Freiburg/Brsg., im November 1965

R. GANSSEN

Inhaltsverzeichnis

Einführung 11

1 Bodendefinition 13

2 Besonderheiten der Bodenbildung 14

3 Umwelt und Bodenbildung 18
   3.1 Allgemeine Wirkung der Umwelt 18
   3.2 Klimaelemente und Bodenbildung 18
   3.3 Andere Umwelteinflüsse 21

4 Prozesse der Stoffumwandlung und Stoffneubildung im Rahmen der Bodenentstehung
   4.1 Stoffumformung nach Auswaschung von $CaCO_3$ . . 26
   4.2 Neuentstehung von $CaCO_3$ in Böden arider Klimate 26
   4.3 Neuentstehung freier Hydroxide von Eisen, Aluminium und Silizium aus silikatischen Mineralen . . . 26
   4.4 Neubildung von amphoteren gemengten Gelen . . . 27
   4.5 Neubildung von kristallinen Tonmineralen 27
   4.6 Ursachen der bodenkundlichen Bedeutung der Tonminerale 29
   4.7 Neubildung bodenkundlich wichtiger Huminstoffe . 31
   4.8 Einzelne Bildungsprozesse verschiedener Huminstoffe. Humin- und Fulvosäuren 34
   4.9 Organominerale Komplexverbindungen in einzelnen Böden 36
   4.10 Prozesse der Humusanreicherung in zonalen Bodentypen 38

5 Prozesse der Bodenentwicklung vom Initial- zum Reifestadium
   5.1 Erste Stadien der Bodenentwicklung 40
   5.2 Beispiele für Bodenentwicklung vom Initial- zum Reifestadium 42
   5.3 Ausgleichende Wirkung der Bodenbildung auf verschiedenartigen Gesteinen 44

6 Prozesse der Stoffverlagerung. Bodenhorizonte, Bodenprofile und Bodentypen

6.1 Entstehung von Horizonten bei Bodenbildungsprozessen 48
6.2 Bodentypen und höhere Kategorien der Bodensystematik 54
6.3 Atmosphärischer Staub und Bodenbildung 55
6.4 Intensität der Bodenbildung und Stoffverlagerung in humiden und ariden Klimaten 56
6.5 Bodengeschichte, menschliche Arbeit und Bodentypenbildung 58
6.6 Abschließende Betrachtung 60

7 Wichtige vorwiegend zonale Bodenbildungsprozesse und Bodentypen

7.1 Horizontale und vertikale Zonalität der Böden . . . 63
7.2 Tundrabodenbildung 66
7.3 Böden der Podsolierung 67
7.4 Böden der Tschernosemierung u.a. Steppenbodenbildungen 70
   7.4.1 Umformung von Tschernosemen in feuchteren Grenzgebieten 72
   7.4.2 Tschernoseme in trockneren Grenzgebieten . . 73
   7.4.3 Kastanienfarbene Böden 74
7.5 Böden der Serosemierung 75
7.6 Bildungsprozesse Brauner Waldböden 77
   7.6.1 Mitteleuropäische Braunerden 78
   7.6.2 Kalksteinbraunlehme (u.ä. Braunlehme aus silikatischem Material) 80
7.7 Böden der Lessivierung 81
7.8 Böden der Laterisierung und Rubefizierung 84

8 Wichtige, vorwiegend intrazonale Bodenbildungsprozesse und Bodentypen (Bodenbildungen unter besonderen Umwelteinflüssen)

8.1 Einfluß einseitig zusammengesetzter Gesteinsarten . 90
   8.1.1 Böden der Humuspodsolierung 91
   8.1.2 Böden der Pelosolbildung 91
   8.1.3 Böden der Rendzinierung 92
8.2 Einfluß fließenden Grundwassers 94

    8.2.1 Auenbodenbildungen 94
    8.2.2 Gleybildungen 95
    8.2.3 Grundwassereinflüsse in ariden Gebieten . . . 95
  8.3 Allgemeiner Einfluß von stagnierendem Wasser und Wechselfeuchte 96
  8.4 Bodenbildungen mit Stauwasser in gemäßigten Klimaten 97
  8.5 Bodenbildungen mit Stauwasser in Steppenklimaten 98
  8.6 Böden der Tirsifizierung in subtropischen Savannenlandschaften 101
  8.7 Böden der Solontschakierung, Solonezierung und Solodierung in ariden bis semihumiden Klimaten . . 102
    8.7.1 Böden der Solontschakierung 103
    8.7.2 Böden der Solonezierung 105
    8.7.3 Böden der Solodierung und genetische Beziehungen zur Solontschakierung u. Solonezierung 108

9 Entstehung bodenartiger Formen in Grenzgebieten der Bodenbildung
  9.1 Bodenartige Formen in Kaltgebieten 110
  9.2 Bodenartige Formen in Trockengebieten. Der Prozeß der Takyrierung 112

10 Voraussetzungen für das Fehlen der Bodenbildung
  10.1 Ursachen dauernd fehlender Bodenbildungsprozesse 117
  10.2 Ursachen nur vorübergehend fehlender Bodenbildungsprozesse 118

11 Beziehungen zwischen einzelnen Bodenbildungsprozessen
  11.1 Übergangsbildungen 119
  11.2 Bodenassoziationen. Bodenkomplexe und Bodencatenen 120

12 Sekundäre Bildungsprozesse in Kulturböden
  12.1 Sekundäre Tschernosemierung 125
  12.2 Sekundäre Solontschakierung und Solonezierung . 127
  12.3 Ziele sekundärer Bodenbildungsprozesse im Sinne einer Erhöhung von Bodenfruchtbarkeit und -ertrag 129

Schrifttumshinweise 131

Sachregister 133

Einführung

Die wissenschaftliche Lehre vom Boden ist jungen Datums. Sie entwickelte sich erst in den letzten Jahrzehnten zu einer selbständigen naturwissenschaftlichen Disziplin. Die Ursachen hierfür sind vielgestaltig — nur einige seien hier genannt:

a) Aus wirtschaftlichen Erfordernissen heraus stellte man bodenkundliche Forschungen zuerst auf den Ackerflächen der Heimat an; diese aber waren kein Naturobjekt mehr, sondern durch menschliche Arbeit [6.5], [12] oft weitgehend veränderte Böden. Ihre Eigenschaften und ihre Dynamik waren daher oft von zufälligen Veränderungen durch Bearbeitung, Düngung, Bewässerung, Dränung usw. umgestaltet und konnten daher nicht als kennzeichnend für das *Natur*objekt „Boden" gelten. Es fehlte in erster Zeit ferner der Vergleich zu Böden anderer Klimate und Kontinente sowie anderer Nutzungsarten.

b) Die Eigenschaften der Böden, ihre Verschiedenheit in weltweiter Sicht ist nur aus der Umwelt, in der sie vorkommen [3], d. h. aus der Landschaft mit ihren Stoffen, Kräften und Energien, verständlich. Die Böden ändern sich, wenn einzelne Umwelteinflüsse sich ändern. Weniger das Dasein der Böden, sondern mehr noch ihr Werden, ihre Veränderung und ggf. auch ihr Vergehen ist kennzeichnend. Diese so enge Verbindung vom Boden zur Umwelt ist erst in neuerer Zeit in ihrer großen Bedeutung für die Bodenbildung erkannt worden.

c) Zum Unterschied von Untersuchungsobjekten der Chemie kann die einfache chemische Zusammensetzung oder Beschreibung sonstiger Merkmale der festen Bodensubstanz *allein* noch kein Abbild des Wesens des Bodens und seiner Bedeutung als Gesamtheit vermitteln. Erst Zusammensetzung und Anteile *aller* Bodenphasen, ihr Verhältnis zueinander, die für jeden Boden typische Lebenerfülltheit, der wechselnde Luft- und Wasserhaushalt u.v.a.m. — erst alle diese stofflichen Eigenschaften und ihre Beziehungen zur Umwelt, mit anderen Worten die Dynamik der Böden, geben uns einen Begriff vom Wesen und ihrer Bedeutung für Natur und Kultur.

Es soll die Aufgabe des Taschenbuches sein, wenigstens in groben Zügen dieses Wesen des Bodens und die wichtigen Bildungsprozesse der Böden in den verschiedenen Klimagebieten zu kennzeichnen. Dabei muß man versuchen, diese Prozesse der Zufälligkeiten zu entkleiden, die infolge besonderer Gegebenheiten der Umwelt oder durch Eigentümlichkeiten der Nutzung entstehen können. Nur die Ausschaltung solcher störenden Momente kann ein klares, ideales Bild dieser Prozesse ergeben. Hierbei kann es nötig sein, auch solche Prozesse der Bodenbildung zu berücksichtigen, die vielleicht nicht zu besonders nutzbaren Böden führen, die aber für die Theorien der Bodenbildung von großer Bedeutung sind.

Kapitel 1

Bodendefinition

Die Böden bilden eine nur hautartig dünne Lockerdecke von durchschnittlich ½ bis 2 m Stärke auf dem weitaus größeren Teil der festen Erdrinde, sofern nicht besonders ungünstige Umweltbedingungen ihre Entstehung verhindern [10]. Trotz ihrer im Vergleich zur Atmosphäre und Lithosphäre so geringen Dicke sind sie aber infolge ihrer arteigenen Fruchtbarkeit die Träger allen Lebens auf der Erde und damit die Grundlage aller materiellen Kultur.

Gemäß einer genetischen Definition sind die Böden das Produkt physikalischer und chemischer Gesteinsverwitterung und biogener Umsetzungen, die zur Humusbildung führen. Sie sind Umprägungsprodukte der Gesteinsdecke sowie organischer postmortaler Stoffe aus Tier- und Pflanzenwelt. Sie unterscheiden sich also von einer nur anorganischen Lockerdecke, etwa eines Haufens von losem Sand, Lehm oder Kies, durch ihre oben genannte Fruchtbarkeit und durch ihre Belebtheit mit Mikro- und Makroorganismen sowie durch ihre arteigene Strukturierung. Sie haben die Fähigkeit, sich gleich einer Vegetationsgemeinschaft zu regenerieren, wenn sie durch Natur- oder Menschengewalt zerstört sind.

Die Lehre von den Böden, die wissenschaftliche Bodenkunde, erforscht Eigenschaften, Bildung, Zusammensetzung und Aufbau der Böden nach „Horizonten" und „Profil" [6]. Wie bereits in der Einführung bemerkt, sollen in diesem Taschenbuch besonders die Prozesse der natürlichen Bodenbildung behandelt werden. Es bedarf einer Begründung, weshalb gerade diese Prozesse eine so entscheidende Bedeutung für die Stellung der Böden innerhalb des Naturgeschehens auf der Erdoberfläche erlangt haben und weshalb eine angewandte Bodenkunde sich nur auf eine wissenschaftliche Bodenkunde stützen kann, wenn sie nutzbringend für die Bodenwirtschaft sein soll.

KAPITEL 2

Besonderheiten der Bodenbildung

Vergleichen wir die schon im letzten Abschnitt genannte Sand- oder Kiesaufschüttung im frischen Zustand mit dem Zustand nach einigen Jahren oder Jahrzehnten, so können wir eine deutliche Änderung des ursprünglichen Materials feststellen: wir finden zunächst statt der kahlen Anhäufung eine mit Vegetation bedeckte; die Wurzeln und die Abfälle dieser Vegetation haben eine dunkle Substanz im Oberboden erzeugt, die man volkstümlich als „Humus" bezeichnet, und die vorher strukturlose Masse hat sich strukturiert, sie ist krümeliger und bindiger als vorher, und das vorher sterile Ausgangsmaterial zeigt nun den reichen Besatz einer Kleinlebewelt. Aus sterilem Material ist ein fruchtbarer Boden geworden (Abbildung 2.1). Nach Zerstörung oder Abtrag dieses Bodens würde sich, sofern die Umwelt gleich bleibt, wiederum ein neuer, gleicher Boden bilden. Böden sind also, nicht zu ungünstige Bedingungen vorausgesetzt, regenerationsfähig — genau wie etwa ein Wald regenerationsfähig ist: nach einem Vorwaldstadium wird sich ein abgeernteter Wald ebenfalls wieder von Natur aus regenerieren und im Endstadium dem vorher durch Kahlschlag abgetriebenen Wald in Aufbau und Zusammensetzung gleichen.

Ein Bodenanschnitt, etwa in einer Bodengrube, zeigt verschiedene Phasen; nämlich sowohl *feste* Bodensubstanz (etwa Humus, Sand, Lehm), *flüssige* Teile in Form von frei beweglichem Bodenwasser oder nur als Bodenfeuchte, *gasförmige* Teile in Gestalt von Bodenluft oder Bodenkohlensäure und schließlich die *biologische* Phase in Form einer Kleinlebewelt (Pflanzen und Tiere); denn die Böden sind, wie eingangs vermerkt, lebenerfüllte Räume.

Bei der Bodenbildung durchdringen sich demnach mehrere *Sphären*, nämlich die Atmosphäre (Eindringen von Luft und Niederschlagswasser), die Lithosphäre (unverwitterte und angewitterte Gesteinspartikel) und die Biosphäre (lebende Pflanzen und Tiere); vgl. Abbildung 2.2.

2 Besonderheiten der Bodenbildung

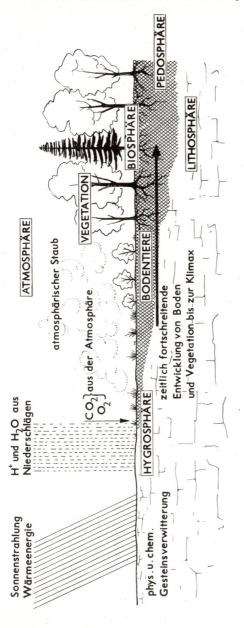

Abb. 2.1 Allgemeingültiges Schema für Bodenbildungsprozesse durch Gesteinsverwitterung (Klimaelemente, H-Ionen, Wasser, Sauerstoff, Kohlendioxid; Biotisierung (Vegetation, Bodentiere) und atmosphärische Staubzufuhr; Durchdringung verschiedener Sphären als „Pedosphäre". Einzelne Böden als senkrechte Ausschnitte der Pedosphäre.

2 Besonderheiten der Bodenbildung

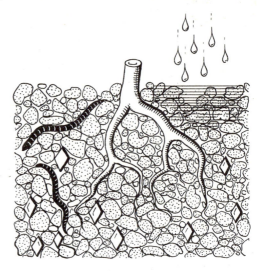

einzelne Bodenkrümel mit nadelstichartigen Feinporen.

lebende Wurzeln der Vegetation, makroskopisch sichtbare Bodentiere } als Teile der *Biosphäre*

Gesteinspartikel, angewittert und unverwittert als Teile der Lithosphäre

auf den Oberboden fallende Regentropfen und damit

Durchfeuchtung des Oberbodens mit Sikker- und Haftwasser infolge eindringender Niederschläge; sie erzeugen eine Art *Hygrosphäre*

Abb. 2.2 Schematischer Querschnitt durch die Oberfläche eines Bodens mit Krümelgefüge. Man sieht das Übereinandergreifen von *Atmosphäre* und *Pedosphäre* infolge Eindringens atmosph. Luft durch die Hohlräume des Bodens in die Tiefe.

Alle genannten Sphären vereinigen sich zur „Pedosphäre", dem eigentlichen Bodenraum. Sie steuern daher infolge dieses Durchdringungsvorgangs unmittelbar alle bodenbildenden Prozesse und sind nicht, wie man früher glaubte, „bodenfremde" Systeme; sie gehören vielmehr unmittelbar der Pedosphäre an. Ohne ihre stetige

Einwirkung und ihre gegenseitige Beeinflussung innerhalb dieser Pedosphäre wären überhaupt keine Böden denkbar.

Hieraus folgt: Böden sind, im Gegensatz zu etwa chemisch genau definierten Stoffen oder bestimmten Gesteinen, aus verschiedenen *Phasen* zusammengesetzt und infolge der Durchdringung der oben genannten Sphären in steter innerer Veränderung begriffen [4—6]. Wegen der Fähigkeit der Böden, auf Dasein und Wechsel von Klima und anderen Umwelteinflüssen zu reagieren [3], bedarf es zur Kennzeichnung der Bedeutung und des Wesens der Böden einer Vorstellungsweise, die dem *dynamischen* Charakter der geschilderten Vorgänge genügt, auf die besonders LAATSCH (5) schon vor Jahrzehnten hingewiesen hat. Wie überall in den beschreibenden Naturwissenschaften, verdrängt die dynamische Betrachtungsweise die statische; weniger das Sein als das Werden (bzw. das Vergehen) der Böden oder einzelner ihrer Teile ist daher für eine moderne bodenkundliche Betrachtung von ausschlaggebender Bedeutung.

Der einzelne Boden als Gesamterscheinung durchläuft Entwicklungen und Veränderungen meist bis zur Einstellung eines dynamischen Gleichgewichts, in welchem sich Neubildung und Abbau einzelner Stoffe die Waage halten. Einzelne Bodenbestandteile, wie etwa einfach aufgebaute Oxide von Eisen oder Aluminium, komplizierter zusammengesetzte, wie z. B. Tonminerale oder Huminstoffgruppen entstehen *neu* im Boden, werden verlagert oder angereichert, zerstört oder wieder erzeugt. Diese mannigfaltigen, von den o. g. Umweltfaktoren gesteuerten Aufbau-, Abbau- und Umbauvorgänge bilden die eigentliche Ursache für die Entwicklungen und Veränderungen des Bodens als Gesamterscheinung. Böden sind also, im Gegensatz zu Gesteinen, keine entwicklungsmäßig fest abgeschlossenen, fertigen Stoffe, die, einmal entstanden, ihre Zusammensetzung und Eigenschaften unverändert behalten. Sie sind vielmehr auf Grund der geschilderten Besonderheiten steten inneren Umwandlungen unterworfen und streben (nach VAGELER) in gesetzmäßiger Entwicklung auf ein labil allen Änderungen der inneren und äußeren Bedingungen sich anpassendes, voll nie erreichtes Gleichgewicht zu. Es ist daher die Aufgabe dieses Buches, die Bedeutung und Entstehung einzelner Bodenbestandteile [4] und später die Grundsätze der Bildung der Böden [5—9] in ihren allgemeinen Regeln abzuleiten.

KAPITEL 3

Umwelt und Bodenbildung

Aus Abbildung 2.1 und 2.2 ging bereits der allgemeine Einfluß der Umwelt auf die Bodenbildung deutlich hervor. Danach waren Umwelt und Böden ein untrennbares Ganzes. Letzten Endes ist daher der Boden nur ein Produkt der Umwelt, denn deren einzelne Sphären durchdringen und lenken ihn, wie später erläutert wird, besonders in den ersten Stadien seiner Entwicklung — so z. B. die Gesteinsart in manchen Gebieten Mitteleuropas — während in einem späteren Stadium der Bodenentwicklung Klimaelemente und Vegetationsgemeinschaften stärker als vorher die Bodendynamik beeinflussen können.

3.1 Allgemeine Wirkung der Umwelt

Die einzelnen Umweltfaktoren, die die Bodenbildung in bestimmter Weise steuern, sind z. T. aus Abbildung 2.1 ersichtlich: es sind einzelne Klimaelemente, Gesteinsarten, Lebewesen (Pflanzen und Tiere des Bodens), Relief und Zuschußwasser [3.3]; hierzu kommt noch der Faktor „Zeit", der selbstverständlich stets wirksam sein muß, wenn wir die zeitlich aufeinanderfolgenden Stadien der Bodenentwicklung [5] betrachten. Diese Umwelteinflüsse sind unter sich nicht in ihrer Wirkung vergleichbar, denn sie beeinflussen die Böden auf ganz verschiedene Weise; auch sind sie nicht unabhängig voneinander — so sind z. B. Zuschußwasser (als Grund- oder Stauwasser) meist mit bestimmten Formen des Reliefs (Täler, Mulden u. a. Lagen mit gehemmtem Abfluß) verbunden, Pflanzen und Tierwelt gehören zu bestimmten Klimaten usw.

3.2 Klimaelemente und Bodenbildung

Physikalischer Gesteinszerfall (meist infolge Frostverwitterung) und chemische Gesteinszersetzung und -umformung als Vorstadien der Bodenbildung [4] sind stets in ihrer Eigenart von bestimmten Wassermengen abhängig, die überwiegend nur als Niederschlagswasser zur Verfügung stehen. Je höher Temperatur und Niederschläge ansteigen, um so intensiver gestaltet sich die Umformung des organischen und anorganischen Ausgangsmaterials. Mangelnde Niederschläge und zu geringe Wärmesummen führen schließlich zum Erliegen der Bodenbildungsprozesse [10], so z. B. in den extremen Wüsten oder in der Antarktis, weil Pflanzenproduktion (und damit Humusbildung) und chemische Reaktionsabläufe aufhören.

Die Beziehung zwischen Niederschlag und Bodenbildung, bzw. einzelnen Reaktionsabläufen und Stoffverlagerungen in den Böden (näheres hierzu s. [6]) sind oft recht verwickelt. In Gebieten mit gleichen Gesteinen, z. B. Löß, und etwa gleicher mittl. Jahrestemperatur kann man im einfachsten Fall mit zunehmender mittl. jährlicher Niederschlagsmenge auch eine zunehmende Auswaschungstiefe des Kalziumkarbonats ($CaCO_3$), eine Zunahme der Tonmineralbildung (und ggf. auch Wanderung), eine Zunahme des Umtauschvermögens [4.6] und eine Versauerung feststellen, wobei sich infolge der veränderten Bodendynamik auch die entsprechenden Bodentypen bilden (Übers. 3.1).

Übersicht 3.1 [1]

Niederschläge und Bodeneigenschaften im Lößgürtel Nordamerikas; mittl. Jahrestemperatur 11,1 °C

Niederschläge mm/Jahr	Tongehalt %	Umtauschkapazität [4.6] in mval/100 g Bod.	pH	Bodentyp
370	15	12	7.8	Kastanienfarbener Boden
500	19	16	7.0	Tschernosem
750	23	24	5.2	} Brauner Prärieboden
900	26	27	5.2	

Derartig eindeutige Beziehungen kommen aber nur selten vor. Der für die Durchfeuchtung der Böden und damit für die Boden-

---

[1] Nach SCHEFFER-SCHACHTSCHABEL (8), S. 252, zitiert nach JENNY und LEONARD.

bildung maßgebende Niederschlagsanteil steigt nicht immer parallel mit der Regenmenge, sondern ist natürlich auch von der Verdunstung abhängig (z. B. LANGscher Regenfaktor). Von großem Einfluß ist z. B. auch die jährliche *Verteilung* der Niederschläge und damit das Vorkommen einer Regen- und Trockenzeit in wechselfeuchten Klimaten: die ersten Niederschläge, die nach Ende der Trockenzeit in wechselfeuchten Warmgebieten auf den ausgedörrten Boden fallen, laufen schon bei geringer Hangneigung größtenteils oberflächlich ab, wodurch im Verhältnis zur Menge der Niederschläge nur eine sehr geringe Bodendurchfeuchtung und damit Regenwirksamkeit eintritt [6.4]. Dies ist besonders bei Starkregen und geringer Vegetationsdecke innerhalb subtropischer Gebiete der Fall; Feinregen (wie sie z. B. im Cf-Klima Mitteleuropas vorherrschen) werden dagegen stets völlig vom Boden aufgenommen. Weite, *tischebene* Geländeteile können in den heißen Zonen während der Regenzeit oft völlig unter Wasser stehen. Das warme Wasser ruft dann Lösungsvorgänge in den Böden hervor, die von denen der kühleren Gebiete sehr stark abweichen. Lösliche Bodenbestandteile, die in Regenzeiten ausgewaschen wurden, steigen in Trockenzeiten oft wieder auf und scheiden sich in der Oberkrume als Krusten ab. Aus diesen kurzen Ausführungen ist ersichtlich, wie wenig zumeist die Niederschlags*menge*, für sich *allein* betrachtet, über die zu erwartenden Bodenbildungsprozesse etwas aussagen kann. Erst Art und Verteilung der Niederschläge, ihr Fallen in warmen oder kalten Jahreszeiten, ferner die Berücksichtigung anderer Umwelteinflüsse gestattet Aufschlüsse über Beziehungen zwischen Niederschlag und Bodenbildung.

Die *Temperatur* als Umweltfaktor wurde bereits oben genannt; auch hier ist weniger die Höhe der Jahresmittelwerte als vielmehr der Ablauf der Temperatur aufschlußreich. So tritt z. B. im ozeanischen Klima i. d. R. kein Bodenfrost auf. Bodenauswaschung ist im ganzen Jahresablauf möglich. Der Feuchteunterschied in den Böden zwischen Sommer und Winter ist relativ gering. Im kontinentalen Klima mit gleicher Jahresmitteltemperatur, aber strengen Wintern sind die Böden oft metertief gefroren. In dieser Zeit sind Auswaschungs- und Anreicherungsprozesse ausgeschaltet. Zu Beginn der Tauperiode ist der Oberboden bei noch gefrorenem und daher undurchlässigem Untergrund mit Wasser übersättigt (Möglichkeit des

Bodenflusses [9.1]). In der warmen Jahreszeit, die viel höhere Temperaturen als im ozeanischen Klima mit gleichen Jahresmittelwerten aufweist, trocknet der Boden um so stärker aus.

Diese Austrocknung kann der *Wind* stark beschleunigen. In Trockenklimaten kommt es dabei infolge der schütteren Vegetationsdecke [3.3] häufig zu Flugsand- und Flugstaubbildungen [6.3] und dadurch zur Unterbrechung und Störung der Bodendynamik.

3.3 Andere Umwelteinflüsse

Die *Vegetation,* die weitgehend vom Klima abhängig ist, schützt die Böden je nach Dichte und Zusammensetzung unterschiedlich gegen klimatische Einflüsse (extreme Wirkung von Niederschlag, Wind, Ausstrahlung, Einstrahlung) und damit auch gegen jede Art von Abtrag (Erosion). Vegetation und *Bodentiere* liefern in Form ihrer postmortalen Reste bzw. auch ihrer Ausscheidungen die Ausgangssubstanz für die Huminstoffbildung [4.7]. Die im Boden lebenden Tiere lockern diesen, indem sie ihn durchwühlen und damit gleichzeitig vertiefen (Steppenböden!). Die tiefen Wurzeln, vor allem der Waldbäume, schaffen Leitbahnen für das Sickerwasser; in manchen Fällen scheiden sie auch Säuren aus (z. B. Gerbsäuren), die zur Lösung von Eisen und anderen Bestandteilen im Boden beitragen; biologisch ungünstige Hemmstoffe werden von manchen Zwergsträuchern geliefert, so daß Rohhumus entsteht, während die eiweißreiche Streu anderer Vegetationsgemeinschaften zur Bildung biologisch günstiger stickstoffreicher Humusformen beiträgt usw. Je nach Klima und Pflanzengemeinschaften können also die Einflüsse auf die Bodenbildung durch die jeweilige Vegetation sehr verschieden sein. Interessant ist in diesem Zusammenhang der gegenseitige Einfluß Vegetation — Boden: die Vegetation beeinflußt den Boden, indem sie den organischen Anteil für die Bodenbildung liefert und den Boden gegen klimatische Einflüsse und Erosion schützt. Sie ist aber umgekehrt wieder von einzelnen Bodeneigenschaften wie Nährstoffgehalt, Feuchte, Struktur usw. abhängig.

Die *Gesteinsarten,* die bei ihrer Verwitterung massenmäßig am stärksten zur Bodenbildung beitragen [5.3], werden je nach Gefüge, Zusammensetzung und Härte, im Zuge dieser Prozesse verschieden schnell umgeformt. Kompakte und feinkörnige Gesteine werden langsam, grobkörnige und nach ihrer Schichtung und Schieferung nahezu senkrecht stehende schneller zersetzt. $CaCO_3$-haltige Silikatgesteine verwittern in unseren Klimaten erst nach Auswaschung des $CaCO_3$ [4.1] in einem sauren Milieu. Quarzitische Gesteine unterliegen einer nur sehr langsamen Umformung. Über die Beziehung einzelner Gesteine zur Bodenbildung s. Übers. 5.1.

Die Wirkung des *Reliefs* wurde bereits bei der Feuchteverteilung in Böden wechselfeuchter Klimate genannt. Je trockener das Klima und je spärlicher daher die Vegetationsdecke, um so stärker prägt sich die Wirkung des Reliefs auf die Bodenbildung infolge des oben genannten oberflächlichen Wasserabflusses aus. Dieser führt dann oft zu einem völligen oder teilweisen Bodenabtrag, damit auch zu einer Materialsortierung und einer regelmäßigen Bodenanordnung am Hang (Catena, [11.2]). In Feuchtgebieten mit stärkerer, bodenerhaltender Vegetationsdecke tritt diese Wirkung des Reliefs zurück, doch finden wir stets am Hangfuß und in den Senken und Tälern eine größere Bodenfeuchte als am Oberhang. Je nach *Exposition* sind verschiedene Durchfeuchtungsgrade festzustellen: die W- und NW-Hänge sind feuchter und kühler als die O- und SO-Hänge, was sich wiederum bezüglich Flora und Böden bemerkbar machen kann. Besonders gilt dies für die hohen Mittelbreiten der Erde.

Die allgemeine Bedeutung des Reliefs für die Prozesse der Bodenbildung, besonders die Beziehung zum Wasserhaushalt, hat man in neuerer Zeit immer stärker erkannt. So ist das Relief bei weltweiter Betrachtung dieser Vorgänge neben dem Klima zum wichtigsten Umweltfaktor geworden, denn beide Faktoren steuern eine große Anzahl bodenbildender Prozesse in kennzeichnender Weise. Diese Tatbestände führen zu einem tieferen Verständnis der Bodenbildung als es die frühere überwiegend geologisch-petrographische Richtung in der Bodenkunde vermochte. Auf die hervorragende Bedeutung des Reliefs haben schon MILNE und VAGELER bei Aufstellung ihrer „Catenatheorie" in Ostafrika vor einigen Jahrzehnten hingewiesen [11.2].

Grundwasser, auch Fremdwasser oder Zuschußwasser genannt, weil es nicht unmittelbar vom atmosphärischen Niederschlag abhängt und den Böden zusätzlich neben dem Niederschlagswasser zur Verfügung steht, findet sich, abhängig von Reliefausformungen, meist in Talzügen, Senken u. ä. Sein Einfluß auf Bodenbildung und Vegetation ist in Trockengebieten (Salzböden, [8.7.1]), wo der Anteil an Niederschlagswasser recht gering ist, am auffallendsten. Aber auch in humiden Gebieten kann es die Bodenbildung in bestimmter Weise formen (Entstehung von Auenböden, Gleyen, Moorböden [8.2] usw.). Um für bodenbildende Prozesse wirken zu können, soll es nicht tiefer als etwa 2—3 m unter Flur anstehen.

Neben dem Grundwasser i. e. S. gibt es in den Böden humider Gebiete zuweilen auch sog. *Stauwasser* („Tagwasser"), das sich, als Folge höherer Niederschläge, auf undurchlässigen Horizonten oder Schichten im oder unterhalb des Bodens meist vorübergehend ansammelt (Entstehung von Stagnogleyen, Pseudogleyen u. ä. [8.4]); auch Stauwasser findet man meist in Reliefausformungen oder völlig ebenen Lagen mit gehemmtem Abfluß.

Grundwasser, besonders aber Stauwasser, das sauerstoffarm und deswegen biologisch ungünstig ist, führt zu Reduktionsprozessen im Boden, die sich in grauen Farbtönen äußern. An der Grenze zu besser durchlüfteten Bodenhorizonten entstehen durch Wiederoxydation der Eisenverbindungen rostbraune und rostrote Flecken und Streifen.

Über die Rolle der *Bodengeschichte* im Laufe geologischer Zeiträume und über die der *menschlichen Arbeit* als zusätzliche Faktoren der Bodenbildung s. [6.5].

Kapitel 4

Prozesse der Stoffumwandlung und Stoffneubildung im Rahmen der Bodenentstehung

Zum Verständnis der Grundsätze der Bodenbildung in ihrer Gesamtheit ist eine knappe Schilderung der Bildungsprozesse *einzelner* Bodenbestandteile erforderlich, die in der Pedosphäre aus organischem und anorganischem Ausgangsmaterial *neu* entstehen. Die Prozesse, die vom Gestein als dem *einen* Ausgangsmaterial der Bodenbildung zu diesen neuen Stoffen führen und damit erst die Bodenbildung ermöglichen, nennt man *Verwitterung*. Man unterscheidet herkömmlich:

a) *physikalische* Verwitterung, die zur mechanischen Zerkleinerung des Gesteins führt (Spaltenfrost, Temperaturwechsel, Salzsprengung in ariden Gebieten) und damit die angreifbare Gesteinsoberfläche stark vergrößert und

b) *chemische* Verwitterung, die auf dieser vergrößerten Oberfläche bessere Voraussetzungen für die Einwirkung von Agentien (O_2, CO_2, H_2O, H^+, OH^-) und damit für die stoffliche Umwandlung des ursprünglichen Ausgangsmaterials und Bildung neuer bodeneigener Stoffe schafft (Abb. 4.1). Als Zwischensubstanzen treten bei diesen Prozessen oft einfacher gebaute Stoffe auf, die sich dann zu komplizierten Verbindungen vereinigen. In humiden Klimaten kann ein Teil der Umformungs- oder Zwischenprodukte ausgewaschen werden und geht somit dem Boden völlig verloren oder wandert bis in tiefere Bodenhorizonte hinab. In ariden Klimaten ist hingegen eine Konzentration der Produkte in oder nahe der Oberkrume (oft Krustenbildung) zu beobachten. Im folgenden Text seien einige Beispiele der Entstehung neuer Stoffe gegeben.

4 Stoffumwandlung, Stoffneubildung, Verwitterung

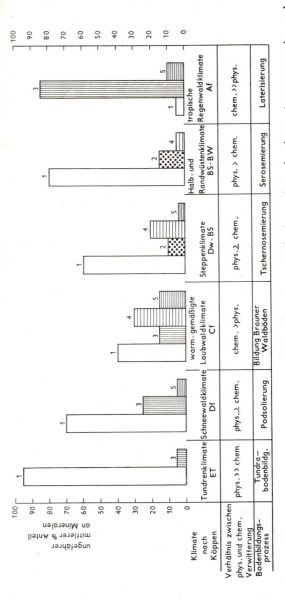

Abb. 4.1 Neubildungstendenzen von wichtigen Mineralen bei Bodenbildungen in verschiedenen Klimaten auf Silikatgesteinen. Die Höhe der Säulen gibt ein ungefähres Maß des Anteils des noch vorhandenen Ausgangsgesteins und der neugebildeten Minerale; s. dazu Beschreibung zonaler Bodentypen in [7].

1 silikatisches Ausgangsgestein
neugebildet:
2 Kalziumkarbonat ($CaCO_3$)
3 freie Sesquioxide (Al_2O_3, Fe_2O_3)
4 Dreischichttonminerale (Montmorillonit, Vermiculit und Illite
5 Zweischichttonminerale (Kaolinit)

Je intensiver die chemische Verwitterung gegenüber der physikalischen, um so stärkere Mineralneubildungen. Neubildungen von $CaCO_3$ und Sesquioxiden schließen sich gegenseitig aus.

4.1 Stoffumformung nach Auswaschung von $CaCO_3$

Aus $CaCO_3$-haltigem Gesteinsmaterial wird in humiden Klimaten das Kalziumkarbonat aus dem Gesteinsmaterial während der Bodenbildung nach und nach durch CO_2-haltiges Regenwasser ausgewaschen; der entstehende Boden, z. B. im Rahmen der Rendzinierung [8.1.3], enthält nur noch Reste von $CaCO_3$:

$$CaCO_3 + H_2CO_3 = Ca(HCO_3)_2$$

Das $Ca(HCO_3)_2$, das bedeutend leichter löslich ist als $CaCO_3$, wandert in den Unterboden, wo es unter Abgabe von CO_2 wieder als $CaCO_3$ ausfällt. Der genannte Prozeß führt besonders in kühlhumiden Gebieten (so z. B. unter Schneelage) zu einer weitgehenden Entkalkung und Verlehmung der Böden durch Anreicherung nichtkarbonatischer Restbestandteile des Gesteinsmaterials, s. aber dazu [6.3].

4.2 Neuentstehung von $CaCO_3$ in Böden arider Klimate

In Trockengebieten können $CaCO_3$-freie Gesteine durch Teilhydrolyse der Ca-Silikate eine Karbonatkruste erhalten; am Beispiel des Kalkfeldspates sei dies gezeigt:

$$CaAl_2Si_2O_8 + 2\,H^+ + 2\,OH^- \rightarrow Ca(OH)_2 + H_2Al_2Si_2O_8$$

$$Ca(OH)_2 + CO_2 \text{ (aus der Luft)} = CaCO_3 + H_2O$$

Die Hydrolyse, also die Umsetzung der Ausgangssubstanz mit den Ionen des Wassers, kann zwar *vorübergehend* in sehr geringen Mengen auch in humiden Klimaten zur Bildung von $CaCO_3$ führen; dieses wird jedoch infolge Überschuß des Niederschlags sofort nach seiner Bildung in den Untergrund gewaschen bzw. in Hydrogenkarbonat umgewandelt, während sich in Trockengebieten auf silikatischen Gesteinen eine Kalkkruste bilden kann, die dann beim Zerfall der Gesteine auch den Böden einen gewissen $CaCO_3$-Gehalt verleiht [6.2], [8.1.3].

4.3 Neuentstehung freier Hydroxide von Eisen, Aluminium und Silizium aus silikatischen Mineralen

Die chemische Verwitterung primär-silikatischer Minerale führt besonders in humiden Klimaten zunächst unter völliger Umwandlung der Minerale (s. aber [4.5]) zur „Entbasung", d. h. zur Verdrängung der Metallkationen in den Grenzflächen der Silikate durch Wasserstoffionen (aus der geringen Ionenspaltung des H_2O, der H_2CO_3 u. a. Säuren). An Grenz- und Spaltflächen tritt eine „Hydratation", d. h. Anlagerung von H_2O-Molekülen (infolge der Dipoleigenschaften des H_2O-Moleküls) ein; bei Fe^{II}-haltigen Mineralen gleichzeitig eine Oxydation zu Fe^{III}. Die dadurch herbeigeführte Lockerung des gesamten Kristallverbandes führt auch zur Entkieselung, d. h. zu teilweiser Wegfuhr des SiO_2 für eine kürzere oder längere Wegstrecke als negativ geladenes Sol. Gleichzeitig entstehen die Hydrate freier Sesquioxide: Al_2O_3 x H_2O aus den Alumo-Kieselsäuren des Primärsilikats und $Fe_2O_3 x H_2O$ bei Fe-haltigem Material.

Nur in stark saurem Milieu (pH < 4) wandern Al und Fe als Al^{3+} und Fe^{3+} bzw. $Al(OH)^{2+}$ und $Al(OH)_2^+$; in weniger sauren Böden aber als molekularlösliche organo-minerale Verbindungen mit organischen Säuren (Chelate, s. u.) oder als positiv geladene Al- bzw. Fe-Hydroxidsole. Im alkalischen Bereich laufen andere Neubildungsvorgänge ab; hier können z. B. durch Erhaltenbleiben von Erdalkali- und Alkali- und Entstehung von Silikat- und Aluminat-Ionen unmittelbar Tonminerale entstehen [4.5].

4.4 Neubildung von amphoteren gemengten Gelen

Diese entstehen aus den unter [4.3] genannten Solen, soweit diese nicht für die Bildung kristalliner Tonminerale [4.5] verbraucht werden, durch gegenseitige Fällung positiv und negativ geladener Sole, wobei als negativ geladene Anteile außer SiO_2 noch Huminsäuren auftreten können. Man kann diese Gele als „kolloide Salze" auffassen, wobei aber keine völlige Neutralisation erfolgt, sondern saure Eigenschaften durch H^+ und basische durch OH^- örtlich als Reste auftreten können. Diese Gele zeigen, gleichsam als eine Art von primitivem Tonmineral, bereits geringe Ionen-Umtauschreaktionen (z. B. H^+ gegen Ca^{2+} u. ä.) und beginnende Schichtgitterordnung.

4.5 Neubildung von kristallinen Tonmineralen

Nach [4.3] entstehen bei der Zersetzung in humiden Klimagebieten aus den primären Silikaten u. a. auch freie Kieselsäuren und Sesquioxide in kolloidem Zustand (ggf. nach kurzem Zustand echter Lösung). Soweit nicht für die Bildung amphoterer Gele verbraucht [4.4], können durch Vereinigung der beiden verschieden geladenen Kolloide zunächst amorphe Allophane (eine Art „Vortone") entstehen, die sich dann nach mehrfacher Austrocknung und Einbau restlicher, noch nicht ausgewaschener K-, Na-, Ca- und Mg-Ionen (aus der Zersetzung primärer Silikate) zu echten kristallinen Tonmineralen mit Schichtgitteraufbau umformen können. Bei höherem Anteil an den genannten Alkali- und Erdalkalikationen und neutraler Reaktion (infolge höherem Gehalt an Kationen im Gestein oder arideren Klimabedingungen) bilden sich Tonminerale mit höherem Si/Al-Verhältnis (bis 4:1) und „aufweitbarem" Kristallgitter: z. B. Montmorillonite, Vermiculite, Illite aus Glimmern.

Bei Mangel an den genannten Metall-Kationen (geringerer Anteil von diesen im Gestein, humides Klima mit stärkerer Auslaugung) entstehen Tonminerale mit niedrigerem Si/Al-Verhältnis — bis 2:1 — und ohne aufweitbares Kristallgitter, so z. B. zumeist Kaolinit in den feucht-heißen Tropen in Böden der immergrünen Regenwälder. Im semihumiden Klima der Steppen entstehen überwiegend Tonminerale der Montmorillonitgruppe, da hier ausreichende Mengen an Kationen verbleiben; in Mitteleuropa auf mäßig kationenreichen Gesteinen und bei mäßiger Auslaugung Vermiculite und Illite neben wechselnden Mengen an Montmorilloniten, Chloriten und Kaolinit. In ariden Gebieten und schwach alkalisch reagierenden Böden können Tonminerale aus Aluminaten und Silikaten, also aus echten Lösungen, unmittelbar entstehen, z. T. mit höherem Gehalt an Na als „Base", wenn auch die Tonmineralbildung als solche infolge Wassermangels gehemmt ist. Extrem aride Klimate lassen infolge fast völligen Fehlens des Wassers keine wesentliche Tonmineralbildung zu. Auch in Tundrenklimaten ist infolge Kälte die Tonmineralbildung gering.

In [4.3] ist für unsere Klimagebiete Verwitterung und Abbau primärer Silikate in einzelne Bauelemente, die sich dann wieder (s. o.) zu kristallinen Tonmineralen als sekundäre Silikate aufbauen können, geschildert. Eine weitere Möglichkeit der Bildung von Tonmineralen, und zwar ohne Zerstörung des ursprünglichen Aufbaus, ist bei Glimmern gegeben. Hierbei kann die Ähnlichkeit im blättchenförmigen Aufbau bei diesen und den Tonmineralen den genannten Umbauprozeß erleichtern. Nach neueren Forschungen

(SCHACHTSCHABEL, SCHWERTMANN u. a.) ist ein ganz erheblicher Teil der Tonminerale unserer Böden nach diesem Umbau entstanden, und zwar über Zwischenstufen zu Illit, Vermiculit, Montmorillonit oder sekundärem Chlorit, wobei komplizierte physikochemische Gesetze den K-Gehalt, die Auswaschung und Fixierung des K, den Säure- und Al-Haushalt innerhalb der genannten Umbauprozesse steuern.

4.6 Ursachen der bodenkundlichen Bedeutung der Tonminerale

Hierher gehören:

a) Die sehr große *Oberfläche* der Tonminerale, die diesen Stoffen eine besondere Reaktionsfähigkeit verleiht.

b) Die *Plastizität*, also Verformbarkeit der Tonminerale bei Zusatz bestimmter Mengen an Wasser und das sich daraus ableitende Verkittungsvermögen für gröbere Bodenteile als Grundlage einer biologisch günstigen Struktur.

c) Der *kristalline Aufbau* aus Schichtgittern mit überwiegend regelmäßiger Anordnung der Ionen (ähnlich den Glimmern). In diesen Schichtgittern sind nach heutigen Modellvorstellungen Si- und O-Ionen in Tetraedern (Si im Zentrum, O an den Ecken) und Al-, O- und OH-Ionen in Oktaedern angeordnet (Al im Zentrum, OH und O an den Ecken). Oktaeder und Tetraeder sind, jede für sich, in einer Ebene netzartig verbunden. Beide Schichten sind im Falle der *Zweischicht*-Tonminerale (z. B. Kaolinit) durch Hauptvalenzen (COULOMBsche Kräfte) der Sauerstoffionen miteinander gekoppelt. Jedes Zweischichtgitter ist beim Kaolinit mit dem nächsten durch eine Wasserstoffbrücke, bei anderen Zweischichttonmineralen dagegen durch schwächere (VAN DER WAALsche) Kräfte zusammengehalten. Diese Kräfte gestatten z. T. eine Aufspaltung der Tonminerale ähnlich wie bei Glimmern. Der Basis-Abstand der Schichtpakete beträgt beim Kaolinit konstant rund 7 Å (1 Å = 10^{-8} cm). Bei den *Dreischicht*-Tonmineralen (z. B. Montmorilloniten) ist dagegen eine Oktaederschicht (Al + O bzw. OH) auf jeder Seite von einer Tetraederschicht (Si + O) umgeben. Infolge des größeren Abstands der Schichtpakete im Vergleich zum Kaolinit (s. u.) sind die VAN DER WAALschen Kräfte, die die Schichten zusammenhalten, geringer und die Abstände der Schichten leichter zu erweitern.

d) *Sorptions- und Umtauschvermögen;* der verhältnismäßig einfach aufgebaute Kaolinit (Oxidformel: $Al_2O_3 \cdot 2SiO_2 \cdot 2H_2O$) weist einen konstanten und geringen (s. o.) Abstand der Schichtpakete auf. Er ist ferner in sich zum größten Teil abgesättigt und hat daher nicht die Fähigkeit, zusätzlich zwischen den Schichtpaketen und an deren Basisflächen Moleküle oder Ionen aufzunehmen. Nur an den Bruchflächen der Schichtgitter sind Valenzen nicht abgesättigt, und nur hier besteht eine Möglichkeit geringen Sorptions- und Umtauschvermögens. Daher ist die Bedeutung des Kaolinits als Bodensorptionsträger und Umtauscher für Kationen nur gering.

Tonminerale der Montmorillonitgruppe zeigen dagegen eine erheblich stärkere Wasseraufnahme- und Kationensorptionsfähigkeit aus folgenden Ursachen: erstens sind die an sich schon größeren Abstände der Schichtpakete aufweitbar (s. o.), bis auf 15, z. T. sogar bis 25 Å, so daß z. B. Wassermoleküle zwischen die Schichten aufgenommen werden können. Zweitens zeigen die Montmorillonitgruppe und andere Dreischichttonminerale einen teilweisen *isomorphen Ersatz* von Si^{4+} in den Tetraedern durch Al^{3+} und von Al^{3+} in den Oktaedern durch Mg^{2+} und Fe^{2+}. Dadurch entsteht eine überschüssige negative Ladung, die den Einbau von Kationen (Ca^{2+}, Mg^{2+}, K^+ usw.) bei der Tonmineralbildung sowie einen Umtausch durch andere Kationen ermöglicht. Diese Tonminerale können daher sowohl an den Bruchstellen der Schichtgitter (wie auch Kaolinit) als auch zwischen den Schichtgittern (isomorpher Ersatz) und an deren Deck- und Basisflächen Kationen anlagern und austauschen und somit eine vielfach höhere Kationenumtausch- und Wasseraufnahmekapazität als der Kaolinit vorweisen. Eine Oxidformel des Montmorillonit läßt sich kaum angeben; i. a. ist das Verhältnis SiO_2/Al_2O_3 bei voller Kationenbelegung höher als bei anderen Tonmineralen wobei aber die Zusammensetzung je nach Ausmaß und Art des isomorphen Ersatzes innerhalb weiter Grenzen schwanken kann. Nach neueren Untersuchungen übertrifft der Vermiculit noch die Glieder der Montmorillonitgruppe an Kationenumtauschvermögen. Die übrigen Tonminerale (Glimmertonminerale mit konstantem Schichtabstand, Illite u. a.) stehen bezüglich dieser

Eigenschaften zwischen dem Kaolinit und den Montmorilloniten. Dieser letztgenannte und seine Verwandten stellen daher einen sehr wertvollen Bodensorptionsträger mit hohem Kationenumtauschvermögen dar. Die Übersicht 4.1 nennt das Kationenumtauschvermögen einiger Tonminerale im Vergleich zu Huminsäuren [4.9]. Der *Anionenumtausch* tritt an Umfang und Bedeutung gegenüber dem Kationenumtausch sehr zurück.

Einen Überblick über die Neubildung einiger wichtiger Minerale bei Bodenbildungen auf Silikatgesteinen im Vergleich zum Ausgangsgestein unter verschiedenen Klimabedingungen zeigt Abbildung 4.1. Unter anderem ist hier auch die geringe chemische Verwitterungstendenz im Verhältnis zur physikalischen im trocknen und vor allem im Kaltklima ersichtlich, während in den feuchten, besonders in den feuchtheißen Klimaten die chemische Verwitterung weit vorherrscht. Dies gilt besonders für das Af-Klima (nach Köppen), wo die Bildungsprozesse freier Sesquioxide (neben Kaolinit) sehr stark überwiegen (Latosolbildung, [7.8]) und eine nur sehr geringe Mineralreserve verbleibt.

4.7 Neubildung bodenkundlich wichtiger Huminstoffe

Gleich wichtig wie die Gesteine als Ausgangsmaterial der Bodenbildung sind postmortale organische Substanzen aus der Pflanzen- und Tierwelt, wie abgestorbene Wurzeln, Laub- und Nadelstreu, Tierausscheidungen und -kadaver. Aus diesen Stoffen entsteht vermittels zahlreicher verschiedener Ab-, Um- und Aufbauprozesse die organische Bodensubstanz, die man populär als Humus bezeichnet. Humus besteht aus einer Vielzahl von komplizierten Einzelverbindungen, von denen die sog. Huminstoffe für das Verständnis bodenbildender Prozesse am wichtigsten sind. Diese können wiederum in Fulvosäuren nebst verwandten Stoffen (wie Hymatomelansäuren u. ä.) und Huminsäuren unterteilt werden. Auch hier werden also nicht „die" Fulvosäure oder „die" Huminsäure als Einzelindividuum betrachtet, sondern die betreffenden Säuren als *Stoffgruppen*, deren Einzelglieder durch zahlreiche gemeinsame oder ähnliche bodenkundlich wichtige Eigenschaften miteinander verbunden sind. Es besteht z. T. eine formale Ähnlichkeit mit der Bildung von Tonmineralen aus primären Silikaten: in beiden Pro-

Übersicht 4.1

Umtauschkapazität von Tonmineralen und Huminsäuren [1]

Da 1 Milligramm-Äquivalent (= 1 mval) diejenige Menge ist, die 1 mg Wasserstoff in einer Verbindung ersetzen kann, würde z. B. 1 mval Ca = 20 mg sein; Äquivalentgewicht des Ca ist wegen der 2-Wertigkeit des Ca gegenüber dem 1-wertigen H = 40 (Atomgewicht des Ca) geteilt durch 2. Der Montmorillonit könnte somit 50—100 mval Ca = 1—2 g Ca aufnehmen (und dabei eine äquivalente Menge anderer Kationen austauschen), der Kaolinit aber nur 3—15 mval Ca = 0,06—0,3 g Ca je 100 g Substanz.

Umtauscher	Umtauschvermögen für Kationen in Milligramm-Äquivalenten/100 g Substanz
Kaolinit	3— 15
Montmorillonit	50—100
Nontronit [2]	75— 80
Illit	10— 70
Vermiculit	100—150
Huminsäuren	100—500

zessen wird die wenig reaktionsfähige Ausgangssubstanz zu einfacheren Bruchstücken abgebaut, die sich wiederum zu reaktionsfähigen höhermolekularen oder komplizierten Verbindungen zusammenschließen (Übers. 4.2). Tonminerale wie Huminsäuren u. a. Huminstoffe zeigen also Umtauschvermögen, Puffereigenschaften (z. B. Widerstand gegen pflanzenschädliche Bodenversauerung) u. a. spezifische Reaktionsbereitschaft. Diese wichtigsten „Sorptionsträger" der Böden können z. B. auch infolge ihrer Aufnahmefähigkeit für Pflanzennährstoffe diese in erheblichem Maße vor Auswaschung durch Niederschlagswasser schützen [3].

Genau wie bei den Tonmineralen gibt es auch bei den Huminstoffen verschiedenwertige Formen (z. B. nach N-Gehalt, Säure-

---

[1] Nach FIEDLER-REISSIG (2), S. 216, etwas geändert
[2] Verwandt mit Montmorillonit; Al z. gr. T. durch Fe ersetzt
[3] Näheres hierzu s. MENGEL, K., Ernährung und Stoffwechsel der Pflanze, Jena 1965, S. 7—37

Übersicht 4.2

Vergleiche der Bildungsprozesse von Tonmineralen und Huminstoffen in humiden Klimaten

Ausgangs-substanzen	Produkte der Abbauprozesse (niedermolekular)	Aufbau-prozesse zu neuen Stoffen	Endsubstanzen (komplizierter Aufbau, z. T. hochmolekular)	
Primäre Silikate (außer Glimmer)	Aluminiumoxidhydrate, Eisenoxidhydrate, verschiedene Kieselsäurehydrate, Ca-, Mg-, K-, Na- u. a. Kationen	Vortonbildung	Sekundäre Silikate als Tonminerale	beide Stoffgruppen kationenumtausch- und sorptionsfähig
Postmortale organische Substanzen	einfache Ringverbindungen (Phenole, chinoide Substanzen), Monosaccharide u. a.	stufenweise Polymerisation z. T. N-Einbau	Niedrig- und hochmolekulare Huminstoffe: Fulvosäuren, Hymatomelansäuren, Huminsäuren u. ä.	

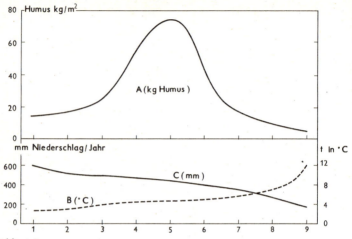

Abb. 4.2

Humusgehalt in kg/m² in verschiedenen aufeinanderfolgenden zonalen Bodentypen der UdSSR bis zu einer Tiefe von 100 bis 120 cm (Kurve A), sowie dazugehörige Daten der mittl. Jahrestemperatur (Kurve B) und des mittl., jährl. Niederschlags in mm (Kurve C). Nach TIURIN und KONONOVA (22).

1 Podsolige Böden [7.3] = schwach podsolierte Typen
2 Hellgraue Waldböden = helle lessivierte Böden der Waldsteppe, sie stehen zwischen Podsolen und Tschernosemen
3 dunkelgraue Waldböden = dunkle lessivierte Böden, ähnlich 2
4 ausgelaugte Tschernoseme = lessivierte Tschernoseme [7.4.1]
5 Mächtige Tschernoseme [7.4]
6 gewöhnliche Tschernoseme, wie 5, geringere Dicke des A-Hor.
7 Dunkle Kastanienfarbene Böden ⎫
8 Helle Kastanienfarbene Böden ⎬ [7.4.3]
9 Seroseme [7.5]

charakter, Polymerisationsgrad usw.), die wiederum an bestimmte Bodentypen gebunden sind.

4.8 Einzelne Bildungsprozesse verschiedener Huminstoffe Humin- und Fulvosäuren

Im Rahmen dieses Buches kann nur ein ganz knapper Überblick der Bildungsprozesse gegeben werden[1]. Legen wir die Art der natürlichen Humifizierungsprozesse zugrunde, dann kann man drei

---

[1] Ausführlicher s. b.: SCHEFFER u. SCHACHTSCHABEL (8), S. 58 ff.

Phasen der Umwandlung und Zersetzung unterscheiden, die neben- und nacheinander ablaufen können: eine chemische Umwandlung pflanzeneigener Stoffe (Zellbestandteile, Eiweiß usw.), eine mechanische Aufbereitung der Pflanzenrückstände durch Bodentiere mit Einarbeitung in den Boden und schließlich ein mikrobieller Abbau in der Reihenfolge Kohlenhydrate, Pektine, noch nicht zersetztes Eiweiß, Zellulose und Lignin. Charakter und Geschwindigkeit des Abbaus sind dabei wieder von Umweltfaktoren — Klima, Gesteine u. a. — vom N- und P-Gehalt, dem Säure : Alkali-Verhältnis und Hemmstoffen abhängig. Der eigentliche Humifizierungsprozeß wird dann je nach Ausgangsmaterial, Organismentätigkeit und anderen Umwelt- und Bodeneigenschaften sehr verschieden nach Schnelligkeit, Zwischen- und Endprodukten vor sich gehen. Man kann hierbei unterscheiden:

a) eine überwiegend *biologische Humifizierung* — diese läuft in Böden mit starker Organismentätigkeit ab, wo N aus Zelleiweiß im Überschuß gegenüber lösl. Phenolabkömmlingen zur Verfügung steht. Chinoide Stoffe sind hier als Bausteine für Huminsäuren vorhanden, ein biologischer Stofftransport sorgt für eine günstige Mischung anorganischer und organischer Bodenteile, die optimale Bodenreaktion liegt zwischen schwach sauer bis schwach alkalisch. Es entsteht ein „Mull", d. h. eine Humusform, die keine *Pflanzenstruktur* mehr besitzt. Im *Boden* bildet sich daraus ein gut strukturierter, mächtiger A_h-Horizont mit hohem Anteil an N-reichen Huminsäuren in Form ihrer Ca- (und Mg-) Salze. Dieser Zustand ist ideal in Steppenschwarzerden oder Tschernosemen [7.4] und verwandten Böden in semihumiden Klimaten verwirklicht;

b) eine überwiegend *abiologische Humifizierung*, die fast ohne Beteiligung von Bodenfauna und Mikroorganismen schon im absterbenden Pflanzengewebe vor sich geht. Bei einer solchen Humifizierung entstehen N-arme Huminsäuren vorwiegend aus Kohlenhydraten im sauren Milieu und unter oft anaeroben Verhältnissen. Unter biologisch besonders ungünstigen Umständen — Überschuß an lösl. Phenolabkömmlingen gegenüber Eiweiß aus der Pflanzensubstanz, Hemmstoffgehalt gewisser Vegetationsgemeinschaften (Vacciniumarten u. a.), saure Bodenreaktion infolge Auswaschung im humid-kühlen Klima und basenarmen Gesteins unter Nadelholz

— bilden sich Rotteprodukte, die einen starken Anteil an sehr N-armen, freien *Fulvosäuren* und verwandten Stoffgruppen aufweisen. Relativ niedrigmolekulare freie organische Säuren (neben Fulvosäuren usw.), die in den Rotteprodukten enthalten sind, können durch Bildung organomineraler Komplexe [4.9], zumeist Chelaten, Eisen und Aluminium aus den Mineralen lösen und in den Untergrund führen. Diese Prozesse spielen bei der Podsolierung [7.3] eine überragende Rolle und können eine erhebliche Verarmung des Oberbodens veranlassen. Als Humusform entsteht „*Rohhumus*"; im Gegensatz zum Mull (s. bei (a)) liegt hier ein großer Teil der Huminstoffe *auf* dem Boden als organische Decke mit z. T. noch erkennbaren Pflanzenresten, der übrige Teil ist auf chemischem Wege infolge seiner Löslichkeit in den Mineralboden gelangt;

c) eine Übergangsform zwischen Rohhumus und Mull bildet der „*Moder*", welcher bei z. T. *abiologischen* Humifizierungsprozessen im wesentlichen aus mechanisch zerkleinerten, aber strukturell noch wenig zerstörten Pflanzenteilen aufgebaut ist. Die Durchmischung von organischen und anorganischen Bodenbestandteilen erfolgt nur unvollständig, so daß Humusbestandteile und Mineralkörner (oft) nur lose nebeneinanderliegen, während sie beim Mull in der Ton-Humus-Bindung innig vermischt sind und in der Rohhumusauflage eine Vermischung von organischer und anorganischer Substanz völlig zurücktritt.

4.9 Organominerale Komplexverbindungen in einzelnen Böden

Manche organischen Bodenteile — *auch* Nicht-Huminstoffe, wie z. B. einfacher aufgebaute, niedermolekulare organische Säuren — können mit anorganischen Bodenteilen Verbindungen eingehen, die für einige Bodenbildungsprozesse und weiter für die Bodenfruchtbarkeit bedeutungsvoll sind. In der Übersicht 4.3 sind Entstehungsbedingungen, Eigenschaften und pedologische Bedeutung dieser organomineralen Komplexgruppen zusammengestellt.

Übersicht 4.3

Bildung organomineraler Komplexverbindungen bei verschiedenen Bodentypen

Organisches Material	Wirksame Substanzen	Art und Bindung im organomineralen Komplex	pH-Wert	Löslichkeit in H_2O und Wanderung im Profil	Struktur	dazugehörige bodenbildende Prozesse und Bodentypen
Humus z. gr. Teil als Auflage: Rohhumus, Moder, saure Rotteprodukte mit erkennbarer Pflanzenstruktur	freie Fulvosäuren und Verwandte, niedermolekulare organische Säuren, stets N-arm	*Chelate* = Komplexe mit klammerartiger Bindung von Metallkationen (vor allem Al u. Fe aus Silikaten) durch Haupt- u. Nebenvalenzen der organischen Säuremoleküle	3—5	Molekularlöslich, dadurch Wanderung in den Unterboden; Ausfällung und B-Horizontbildung infolge höherem pH, Austrocknung, bakteriellem Abbau der org. Komponente u. a.	Einzelkornstruktur; im B-Hor. Kohärentstruktur, verhärtet. Biologisch sehr ungünstig wegen Azidität und Hemmstoffen	*Podsolierung* [7.3]: Podsole, Gleypodsole u. ä.
Humus nur in Mischung mit Mineralboden Mulltyp, keine pflanzliche Struktur	Grauhuminsäuren als Ca- (u. Mg-) Salze, N-reich	*Tonmineral-Huminsäure-Komplexbindung*, z. B. Montmorillonit als Tonmineral. Bindung der Huminsäure an Oberflächen der Tonminerale oder Bindung zwischen verschieden aufgeladenen Gruppen der Komponenten	um 7	H_2O-unlöslich, geflockt, daher keine Wanderung, Tiefer A-Hor., keine Bildung eines B-Hor., zoogene Horizontmischung und -vertiefung	sehr stabile Krümelstruktur; infolge guter Durchlüftung und neutraler Reaktion biologisch sehr günstiger Bodentyp	*Tschernosemierung* [7.4]: Tschernoseme, Prärieböden u. a. Steppenböden; *Neutrale Moorbodenbildungen* [8.4]: Niedermoorböden; *Böden der Rendzinierung* [8.1.3]

4.10 Prozesse der Humusanreicherung in zonalen Bodentypen

Unter verschiedenen klimatischen Voraussetzungen entstehen in zonalen Bodentypen sehr unterschiedliche Mengen und Arten an „Humus". Ohne zunächst die chemische Zusammensetzung des Humus (Fulvosäuren, Huminsäuren usw.) zu berücksichtigen, erkennen wir ein Optimum der Humusbildung unter den Steppenböden (mächtige Tschernoseme [7.4]), da hier eine starke Nachlieferung postmortaler Pflanzensubstanz und besonders günstige Bedingungen der Erhaltung der Huminstoffe durch ihre Komplexbindung an Tonminerale (Übers. 4.3 und 4.4) zu finden sind. In ariden Gebieten finden wir infolge geringer Pflanzenproduktion nur sehr geringe Humusmengen (Abb. 4.2).

Die Aufgliederung der Humussubstanz nach Stoffgruppen (Übers. 4.4) macht das Vorherrschen von Huminsäuren gegenüber den Fulvosäuren bei den Böden des Steppentyps (Tschernosemen und Kastanienfarbenen Böden) deutlich. Sowohl bei den stärker ausgelaugten Podsolen, Latosolen und Roterden wie auch bei den Böden trockener Gebiete steigt in der Humussubstanz der Anteil der Fulvosäuren gegenüber Huminsäuren stark an.

Übersicht 4.4 [1]

Humusgehalt und Huminsäure-Fulvosäure-Verhältnis in einigen Bodentypen, hauptsächlich der UdSSR.

Die Werte in der Spalte „Temperatur" geben im Zähler die Durchschnittswerte des wärmsten Monats, im Nenner die des kältesten Monats an. C_H = C-Gehalt der Huminsäuren, C_F = C-Gehalt der Fulvosäuren.

Bodentyp	Humus %	Zusammensetzung des Humus Huminsäuren Fulvosäuren in %		$C_H : C_F$	jährl. durchschnittl. Niederschläge in mm	Temperatur
		Huminsäuren	Fulvosäuren			
Podsole	2.5—4.0	12—20	25—28	0.6—0.8	500—600	$\frac{15-18}{-10}$
Graue Waldböden (Sols lessivés)	4.0—6.0	25—30	25—27	1.0	500—550	$\frac{18}{-10}$

4.10 Humus und zonale Bodentypen

Bodentyp	Humus %	Zusammensetzung des Humus Huminsäuren / Fulvosäuren in %		$C_H:C_F$	jährl. durchschnittl. Niederschläge in mm	Temperatur
gewöhnliche u. mächtige Tschernoseme	7.0—10	35—40	15—20	1.5—2.5	450—500	$\frac{20}{-10}$
dunkle Kastanienfarbene Böden	3.0—4.0	30—35	20	1.5—1.7	300—350	$\frac{24}{-13}$
Braune Halbwüstenböden	1.0—1.2	15—18	20—25	0.5—0.7	200—250	$\frac{25}{-10}$
Graue Halbwüstenböden (typ. Seroseme)	1.5—2.0	20—30	25—30	0.8—1.0	350	$\frac{27}{-1.5}$
Roterden in der UdSSR	4.0—6.0	15—20	22—28	0.6—0.8	2400	$\frac{22}{+6}$
Lateritische Böden (Vietnam)	4.0	6	34	0.2	1900	$\frac{28.9}{+15.5}$

[1] Nach I. V. Tiurin und M. M. Kononova (22) S. 1—13 1963; russ. Zeitschr. „Počvovedenie" in engl. Übersetzung

KAPITEL 5

Prozesse der Bodenentwicklung vom Initial- zum Reifestadium

Abbildung 2.1 zeigt ein ziemlich allgemeingültiges Schema der Bodenentwicklung vom Initial- zum Reifestadium unter dem Einfluß der Umwelt. Im folgenden soll diese Entwicklung unter verschiedenen Voraussetzungen noch etwas näher betrachtet werden.

5.1 Erste Stadien der Bodenentwicklung

Im Stadium des Rohbodens (Syrosem) zeigt dieser eine gewisse äußere Ähnlichkeit mit dem anorganischen Ausgangsmaterial der Bodenbildung. Entwickelt sich der Boden aus einem festen Gestein, so spricht man im Initialstadium der Bodenbildung nach Vorschlag von US-Bodenkundlern von *Lithosolen,* bei losen Gesteinen von *Regosolen.* Diese beiden Typen, die oft nur ein Durchgangsstadium darstellen, enthalten nur wenige durch die Bodenbildung neu entstandene Sorptionsträger (Huminstoffe, Tonminerale u. ä. [4]). Sie zeigen gewisse gemeinsame Eigenschaften wie grobe unzersetzte Gesteinsteile, größere Durchlässigkeit, meist Unfruchtbarkeit, schnelle Austrocknung. Diese gemeinsamen Eigenschaften der Lithosole und Regosole innerhalb eines Klimagebietes übertreffen zumeist die Unterschiede, die sich etwa aus der Gesteinsverschiedenheit ergeben. In einzelnen Klimagebieten finden wir aber beim Vergleich der Lithosole bereits im Stadium der Frühentwicklung eintretende Unterschiede: in feucht-kühlen Klimaten entstehen zwischen dem groben Material (z. B. Bergsturzmaterial in den Alpen) geringe Humusmengen aus dem spärlichen Pflanzenwuchs. In ariden Klimaten beobachtet man dagegen oft auf silikatischen Gesteinen eine dünne Kalkkruste [4.2], wodurch die Böden im Initialstadium karbonathaltig werden.

Vom Stadium des Lithosols können sich die Böden aus silikatischen Gesteinen ggf. zum „Ranker" unter Fortdauer der Bildungsbedingungen weiterentwickeln; dieser zeigt bereits einen deutlichen humosen Oberboden, unter dem dann ohne Zwischenhorizonte [6.1] das wenig zersetzte, silikatische Gestein folgt. Der Rankerbegriff umfaßt hierbei alle Böden der eben geschilderten Art ohne Rücksicht auf Klima, Vegetation u. a. Faktoren der Umwelt. Er erfüllt somit nicht die Forderungen, die die moderne Bodenkunde an einen Bodentyp [6.2] stellt, da in den so ungleichen, aber mit dem gleichen Begriff „Ranker" bezeichneten Böden keine einheitlichen Stoffneubildungs-, Verlagerungs- u. ä. Prozesse ablaufen. Der Rankerbegriff in dieser Form macht daher auch keine genauen Aussagen über die verschiedenen Eigenschaften aller dieser „Ranker", die man daher je nach Klima u. a. Umwelteinflüssen in Subtypen mit verschiedener Dynamik gliedern mußte (z. B. Atlantische Ranker, Alpine Ranker, Xeroranker, Podsolranker u. a.). In manchen Fällen (z. B. Steilhanglagen, harte oder rein quarzitische Ausgangsgesteine, sehr trocknes Klima), bleibt die Bodenbildung im Initialstadium des „Lithosol" oder des „Ranker" stehen. In der Mehrzahl der Fälle entwickeln sich aber vollständiger ausgebildete Böden, deren allgemeine Dynamik und Horizontierung in [6] beschrieben wird.

Die *Zeitdauer* der Entwicklung eines Bodens bis zum Reifestadium ist je nach Umwelteinflüssen sehr verschieden lang. Nahezu unmöglich ist es daher, das Alter eines Bodens oder eines Bodenrelikts etwa aus der Stärke der Bodendecke oder der Verlehmungsrückstände abzuleiten. Man kann aber ganz allgemein für die Vollentwicklung eines Bodens nur Bruchteile jener Zeiträume ansetzen, die für die Entstehung geologischer Formationen erforderlich sind; es können aber Bodenrelikte und Verwitterungsdecken, die vor Abtrag geschützt waren, aus präquartären Zeiträumen bis heute erhalten geblieben sein, z. B. in manchen Teilen der feuchten Tropen [6.5]. „Fossile" Böden jedoch gibt es nicht, obgleich dieser Ausdruck oft gebraucht wird. Die Bezeichnung „fossil" ist hier eine contradictio in adjecto, denn mit dem Begriff „Boden" ist stets ein *lebenerfüllter* und kein fossilierter Raum verbunden [2].

Das wahre Alter eines Bodens läßt sich aber in einzelnen Fällen genau bestimmen: so z. B. bei der Bodenbildung auf den Trümmerstätten kriegszerstörter Stadtteile. Hier konnte man bereits wenige Jahre nach der Zerstörung deutliche Anfangsstadien einer Bodenbildung feststellen;

z. B. waren etwa 12 Jahre nach einer Kalkaufschüttung auf gesprengten Westwallbefestigungen deutliche Anfangsstadien einer Rendzina [8.1.3] von rund 8—10 cm Dicke sichtbar. 20 Jahre alte Rendzinen auf Kalkschotter zeigten einen etwa 15 cm starken A-Horizont. SMIRNOW beobachtete im Gebiet von Moskau vollausgebildete Rendzinen auf Plattenkalken, die 100 Jahre vorher dort aufgeschüttet worden waren.

Man kann die Entwicklung eines Bodens mit der einer Waldgemeinschaft vergleichen: auch diese führt über ein Entwicklungsstadium — das Vorwaldstadium — allmählich unter Wechsel des Bestandsaufbaus zu einem Endstadium (Klimax), das, wie beim Boden, nicht statisch, sondern dynamisch aufzufassen ist: so wie bei diesem einzelne Teile, wie z. B. Humus, neu geschaffen werden und vergehen oder in einem Kreislauf über die Vegetation wieder zum Boden zurückkehren, so vergehen im Walde einzelne überalterte Bäume und werden durch natürliche Bestandsverjüngung wieder ersetzt.

5.2 Beispiele für Bodenentwicklung vom Initial- zum Reifestadium

Abbildung 5.1 zeigt eine einfach verlaufende Bodenentwicklung aus Kalk- und Dolomitschotter im sehr kühlen, perhumiden Klima der Randalpen. Hier liegen verschieden alte Bodenbildungen, je nach den Jahren der Sedimentation der Schotter, fast unmittelbar nebeneinander:

Bei a) sieht man sehr junge Aufschotterungen mit erstem Stadium der Bodenbildung — sehr geringer Humusgehalt, nur wenige cm tief in den Schotter reichend; sehr geringer Pflanzenwuchs aus Moosen, Flechten und wenigen Gräsern. b) zeigt ein fortgeschritteneres Stadium — deutlicher und tiefer humushaltiger Oberboden, geschlossene Vegetationsdecke von höheren Pflanzen, unter ihnen einzelne Bergkiefern (Pinus mugo); bei c) ist der Boden sehr tief humushaltig mit hohem Anteil an organischer Substanz. Er ist damit, im Gegensatz zu den ersten Entwicklungsstadien, zu einem vom anorganischen Ausgangsmaterial weitgehend unabhängigen Boden geworden, der die gesamte Wurzelmasse des auf ihm wachsenden geschlossenen Fichten-Buchenwaldes trägt. — Diese Bodenentwicklung verläuft also anders (wahrscheinlich infolge besonderer klimatischer Bedingungen) als die in [8.1.3] beschriebene: Kalkschotter — Rendzina — Kalksteinbraunlehm.

5.2 Beispiele für Bodenentwicklung

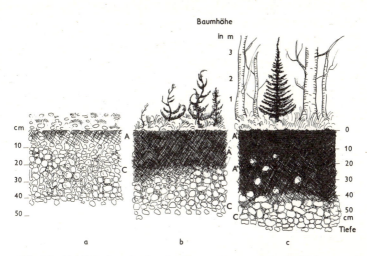

Abb. 5.1 Zeitlich fortschreitende Vegetations- und Bodenbildung auf Kalk- und Dolomitschottern im sehr niederschlagsreichen und kühlen Klima des oberen Wimbachtals (Berchtesgadener Alpen); nähere Erläuterung im Text.

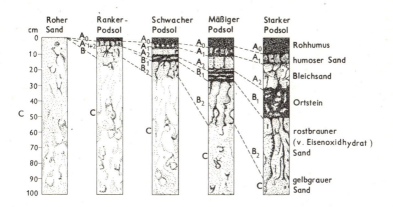

Abb. 5.2 Schematische Darstellung der Entwicklungsstadien eines Podsols [7.3] aus Sand unter gleichbleibenden Bedingungen als Funktion der Zeit (Dauer der Bodenbildung). Die Horizonte A_1, A_2, B_1, B_2 entsprechen den Horizonten A_h, A_e, B_h, B_s in diesem Taschenbuch. Nach MÜCKENHAUSEN (6) S. 9.

In der Literatur wurden mehrfach Bodenentwicklungen von Podsolen [7.3] auf Dünensand beschrieben. Je nach Zeitdauer und Vegetationsgemeinschaft entstehen aus diesem in Abbildung 5.2 dargestellten „Regosol" allmählich Böden mit sehr verschiedenen Einzelhorizonten und als Klimax ein zu den Podsolen gehörender Heideboden mit stark verdichtetem Unterboden (Ortstein) und starker Auflage von Rohhumus.

Aus den geschilderten Entwicklungsprozessen läßt sich demnach in den Anfangsstadien der Bodenbildung zunächst eine äußerliche Ähnlichkeit der Böden mit dem Gestein, auf dem sie wachsen, feststellen. Im Laufe weiterer Entwicklung wird der Boden, obwohl er in seinem ganzen Wesen von allen Umweltfaktoren abhängt, nach Form und Zusammensetzung von der Gesteinsunterlage allmählich unabhängiger, s. hierzu die Ausführungen in [5.3].

Über die Problematik der Bodenbildung bei *Änderung* der Umweltfaktoren s. ausführlicher bei MÜCKENHAUSEN (6), S. 9 ff.

5.3 Ausgleichende Wirkung der Bodenbildung auf verschiedenartigen Gesteinen

Der weitaus größte Teil der Masse eines Bodens wird i. d. R. vom Gestein beigesteuert, auf dem der Boden gewachsen ist. Man könnte daraus eine einfache und enge Beziehung zwischen Gestein und Boden ableiten, die zutreffend wäre, wenn die in den Gesteinen vorliegenden chemischen Verbindungen einfach in den Boden übergehen würden. Wie wir aber in [4.1—4.5] gesehen haben, werden die in den Gesteinen befindlichen Minerale silikatischer und karbonatischer Zusammensetzung weitgehend umgeformt (Abbau zu einfacheren Verbindungen durch Entbasung, Oxydation, Wasseraufnahme, Bildung bodeneigener Stoffe usw.), so daß sich die substantielle Übereinstimmung zwischen Gesteinen und Böden nur auf die einzelnen chemischen Elemente bezieht, nicht aber auf deren Verbindungen untereinander. Dazu kommen noch Auswaschungen und Anreicherungen innerhalb des Bodenprofils [6.1 und 6.2], die besondere Struktur des Bodens, ferner die Humusbildung aus postmortalen organischen Stoffen [4.7—4.8], die von der Gesteinsunterlage oft wenig oder gar nicht abhängen, und die trotz ihrer im Vergleich zum anorganischen Bodenteil meist geringen

Menge dem Boden und seiner Dynamik ein typisches Gepräge verleihen.

Aus den Bemerkungen in [5.2] ging bereits mittelbar die ausgleichende Wirkung der Bodenbildung hervor, denn wir sahen, wie diese im allgemeinen den Boden bis zu einem gewissen Grad von der Gesteinsunterlage unabhängig machen kann. Das gilt natürlich besonders für diejenigen Gesteine, die in ihrer Zusammensetzung, ihrem Härtegrad usw. von vornherein ähnlich sind. Wir werden also z. B. auf solchen Gesteinen wie nicht zu basenarmen Graniten, Gneisen, manchen paläozoischen Schiefern u. ä. *unter sonst gleichartigen Umweltbedingungen* auch ganz ähnliche Böden erwarten können. Auch auf Gesteinen sehr verschiedener Mineralzusammensetzung, wie z. B. Letten des Schwarzen Jura und hochprozentigen Kalksteinen des Weißen Jura, können die Böden nach Erreichung eines gewissen Reifestadiums untereinander weit geringere Unterschiede als die dazugehörigen Gesteine aufweisen. Auf beiden Gesteinen bilden sich unter Laubwald humose „Mutterböden", die beide krümelig, locker und biologisch günstig sein können. Unser humides Klima hat aus dem ehemaligen „Kalkboden" die karbonatischen Anteile ausgewaschen und somit den Kalkcharakter übertönt [8.1.3]; das lettige Tongestein ist durch die tiefgründige Bewurzelung unter einem natürlichen Laubwald lockerer, durchlässiger und weniger bindig geworden. Dennoch sind aber auch hier und bei anderen Vergleichen der Bodenbildung auf mineralogisch und stofflich sehr verschiedenen Gesteinen Unterschiede in der Bodenbildung festzustellen, die in erster Linie auf die Verschiedenheiten dieser Gesteine zurückzuführen sind [8.1]. Gerade in einem Lande wie Mitteleuropa mit seiner sehr wechselnden Gesteinswelt wird sich daher der lithogene Einfluß auf die Dynamik und sonstigen Bodeneigenschaften stärker als in anderen Ländern und Klimaten durchsetzen, auch dort noch, wo im Laufe der Bodenentwicklung der Gesteinseinfluß merklich geringer wird [5.2]; dies zeigt Übersicht 5.1 für den Fall gleicher sonstiger Umwelteinflüsse. Der Zusammenhang zwischen Gesteinsart und Boden ist oft dann besonders eng, wenn die Gesteine eine einseitige Mineralzusammensetzung aufweisen, wie auch im obigen Beispiel gezeigt.

Übersicht 5.1

Bodenbildungsprozesse unter Einfluß bestimmter Gesteinsarten in heimischen Klimaten [1] unter natürlicher Vegetation und nicht zu steilen Lagen. Kein Grundwassereinfluß

	mit einseitiger Mineralzusammensetzung			mit vielseitiger Mineralzusammensetzung		
Gesteinsarten	strenge Tone und Letten	fast reine Kalke und Dolomite	fast reiner Quarzit	mäßig CaCO$_3$-haltige Lösse, Kiese, Sande u. ä.	Granite, Gneise, Grauwacken, Tonschiefer	Gabbro, Basalt u. a. basische Gesteine
Menge an Erdalkalien (Ca, Mg)	reichlich	sehr reichlich	sehr gering	mäßig reichlich	mäßig bis gering	reichlich
Bindungsart von Erdalkalien	silikatisch, reichlich fertig gebildete Tonminerale	fast nur karbonatisch	nur silikatisch	karbonatisch und silikatisch	überwiegend silikatisch	überwiegend silikatisch

sonstige Anteile	Feinsande, gelegentlich CaCO₃	Sande, Silikate, Tonminerale	Silikate	unterschiedliche Anteile an Feinsanden (quarzitisch), Silikaten u. Karbonaten	Quarzite, reichlich Fe-haltig silikatische Minerale	zahlreiche Fe-haltige silikatische Minerale
		in meist geringen bis sehr geringen Anteilen				
vorwiegende Prozesse der Bodenbildung, oft aber nur als Tendenz erkennbar	*Pelosolbildung* variiert durch Vegetation und örtl. Klima [8.1.2]	*Rendzinierung* variiert nach Ca-, Mg-Gehalt und Fremdbestandteilen im Gestein [8.1.3]	*Humuspodsolierung* gehemmt durch Reaktionsträgheit der Quarzite [8.1.1]	*Lessivierung* Braunerdebildung meist zurücktretend [7.7]	*Braunerdebildung* [7.6.1]	*Braunlehm- und Braunerdebildung* [7.6.2]
einzelne Bodentypen	Pelosole, örtlich braunerde- oder tschernosemartig oder pseudovergleyt (Stauwasser!)	Rendzinen, oft verlehmt und verbraunt; rendzinoide Typen	oft schwach entwickelte Humuspodsole	Sols lessivés und Sols bruns lessivés (= Parabraunerden), örtl. pseudovergleyt	typ. Braunerden, „Saure" Braunerden, Podsolbraunerden (je nach Vegetation, Klima u. Basengehalt)	Braunlehme, kationengesättigte Braunerden, wenig Sols lessivés

[1] Cf (nach KÖPPEN)

Kapitel 6

Prozesse der Stoffverlagerung
Bodenhorizonte, Bodenprofile und Bodentypen

Bisher wurden die Entstehungsprozesse einzelner chemisch und mineralogisch definierter Stoffgruppen [4] sowie der allgemeine Entwicklungsprozeß der Böden besprochen. Im folgenden behandeln wir die allgemeine *Richtung* des Bodenbildungsprozesses in seiner Gesamtheit; diese Richtung fällt je nach den Umweltfaktoren wie Gestein, Klima, Relief, Tierwelt u. a. verschieden aus. So finden wir z. B. unterschiedliche Verlagerungsprozesse von Bodenteilen, die je nach Art der Verlagerung zu Anreicherungs- oder Verarmungszonen in den Böden führen. Die meist etwa waagerecht verlaufenden Zonen, die also durch bodenbildende Prozesse entstanden sind, nennt man *Bodenhorizonte;* man bezeichnet sie international je nach ihren Eigenschaften und ihrer Entstehungsweise meist mit großen lateinischen Buchstaben A, B, C, D, G, Ca, S (= g), Sa u. a.; s. dazu auch die Ausführungen bei den einzelnen Bodenbildungsprozessen [7 und 8].

6.1 Entstehung von Horizonten bei Bodenbildungsprozessen

Horizonte können auf verschiedene Weise zustandekommen:

a) Durch Bildung von neuen Stoffen „*in situ*", vgl. [5.2]; so entsteht z. B. durch Umsetzung postmortaler organischer Substanzen (pflanzl. und tierische Abfallprodukte) und Neubildung von Huminstoffen ein meist dunkel- bis schwarzbraun gefärbter Oberboden (A-Horizont, neuerdings auch A_h-Horizont zur Unterscheidung von ausgelaugten A_e-Horizonten, s. auch Farbtafel); durch Verwitterung des Ausgangsgesteins und Neubildung von Tonmineralen, Oxiden des Fe, Al und Mn u. a. bildet sich bei Braunerden an Ort und Stelle aus dem verwitterten Gestein ein typischer „Verlehmungshorizont" (B_v-Horizont) von meist hellerer Farbe als der des dunkel-humosen A-Horizonts, vgl. [7.6].

b) Außerdem entstehen neue Horizonte infolge *Auswaschung* von Bodenteilen im humiden Klima aus dem Oberboden in den Unterboden. Dies kann auf sehr verschiedene Art und Weise erfolgen:

durch *mechanische* Durchschlämmung, z. B. von Tonmineralen, freien Oxiden und anderen im Boden neu gebildeten Stoffen;

durch einfache Lösung im Niederschlagswasser (z. B. von $CaCO_3$ durch CO_2-haltiges Wasser) und Verlagerung in *ionarer* Form;

Übersicht 6.1

Stoffverlagerung, Stoffanreicherung, Struktur und Reaktionsgrad im Unterboden (B-Horizont) bei verschiedenen Bodenbildungsprozessen

Bodenbildender Prozeß	Art der Anreicherung im B-Horizont	Struktur des B-Horizonts	Reaktionsgrad (pH-Wert)
Braunerdebildung [7.6.1]	höchstens geringe mechanische Anreicherung. Verwitterung in situ, Horizont B_v	krümelig bis schwach bröckelig	mäßig sauer (um 5)
Lessivierung [7.7]	unzersetzte Tonminerale (mit Ca^{2+} und H^+), etwas freies Fe_2O_3; wahrscheinlich peptisiert durch kolloidale SiO_2 und organ. Verbindungen. Horizont B_t	polyedrisch	schwach sauer (um 6)
Solonezierung (= Solonizierung) [8.7.2]	unzersetzte Na-Tonminerale und Na-Humate, Hor. B_h und B_t.	säulchenförmig und polyedrisch	stark alkalisch (9—10)

Bodenbildender Prozeß	Art der Anreicherung im B-Horizont	Struktur des B-Horizonts	Reaktionsgrad (pH-Wert)
solonezartige Bildung [8.2.1]	Na- und Mg-haltige B-Horizonte in Brackmarschböden (sog. „Knick")	**stark verdichtet, nach Austrocknung sehr hart**	etwa neutral
Podsolierung [7.3]	Abwärtswanderung von Al_2O_3, Fe_2O_3, Mn-Oxiden, SiO_2 und Huminstoffen als Chelate bzw. Sole. Ausfällung als Horizonte B_h (organ. Substanzen) und B_s (Sesquioxide)	Hüllengefüge. Verkittung von Sand- u. a. Mineralkörnern durch gefällte Oxide und Huminstoffe. Ortstein bei Heideböden	sauer bis stark sauer (4—5)
Solodierung [8.7.3]	Abwärtswanderung ähnlich Podsolierung, aber ohne SiO_2 B_1-u. B_2-Hor.	sehr fest, schollig zusammenhängend	neutral bis schwach alkalisch (7—8)
Serosemierung [7.5]	aufsteigende Lösungen, zuweilen stärkerer Gehalt an Na^+ und Mg^{++} im Sorptionskomplex (SK), meist $CaCO_3$-haltig	oft klumpig, wenn viel Na^+ im SK	alkalisch (um 8)
Bildung von Red a. Brown Hardpan soils in Trockengebieten Australiens (im vorliegenden Taschenbuch nicht näher erläutert)	periodische Auslaugung von SiO_2 nach intensiver Bodendurchfeuchtung in heißer Regenzeit, SiO_2-Fällung im trockneren Unterboden. Oft $CaCO_3$-haltig	verdichtet durch gefälltes SiO_2	neutral bis schwach alkalisch

z. T. durch Verlagerung in *molekularer* Form durch niedermolekulare, wasserlösliche organische Säuren aus postmortalen organischen Stoffen (Chelatbildung, dadurch lösliche organominerale Al- und Fe-Komplexe [4.9]; oder

durch solförmigen Transport (z. B. SiO_2-Sole), also *kolloiddispers*.

Diese Auslaugungsprozesse verursachen Verarmungshorizonte im Oberboden und Anreicherungshorizonte im Unterboden durch Ausfällung der gelösten Stoffe. Die Auslaugungs- und Anreicherungsprozesse in bestimmten Horizonten lassen sich meist schon makroskopisch erkennen. Einige Beispiele für Horizontbildungen auf Grund von Stoffverlagerungen in den Unterboden (B-Horizont), sei es durch Auslaugung des A-Horizonts im humiden Klima, sei es durch Aufstieg von Lösungen aus der Tiefe des Bodens im ariden Klima, sind in Übersicht 6.1 zusammengestellt.

Abbildung 6.1, Bild a, zeigt das Beispiel eines solchen ausgelaugten Oberbodens mit dem typischen Horizont A_e sowie dem angereicherten Unterboden B_h und B_s in Böden der Podsolierung [7.3]. Neben der deutlichen Auswaschungstendenz besteht nach Erreichen der Bodenklimax meist ein dynamisches Gleichgewicht infolge Stoffaufnahme aus dem Boden durch die Wurzeln und Wiederzuführung durch den Nadelabfall der Waldbäume.

c) Auch infolge *Aufwärtssteigens von Bodenlösungen* und Stofftransport aus den unteren Bodenteilen in die Oberkrume entstehen, besonders in ariden Klimaten, neue Horizonte. Auch hierbei können, wie unter (b) genannt, verschiedene Lösungsarten vorkommen.

Als Ergebnis dieses Transports zur Oberfläche entstehen oft *Krusten* aus verschiedenen Stoffen (Salz-, Kalk-, Kieselsäure-, Eisenoxid-Krusten u. ä.). Bild c in Abbildung 6.1 zeigt u. a. die Ausscheidung löslicher Salze aus dem Grundwasser (G) in und auf der Bodenoberkrume, wodurch ein Salzhorizont Sa entstanden ist.

d) Infolge *seitlichen Transports* von Bodenteilen im Grundwasser. Hierbei können z. B. Eisenhydrogenkarbonate (besonders bei Sauerstoffmangel) bewegt werden. Bei Sauerstoffzutritt oxydiert sich das zweiwertige Eisen im Hydrogenkarbonat und es entstehen durch Fällung von Fe(III)-Oxidhydraten rostbraune und rostrote Flecken (G-Horizontbildung) s. [8. 2. 2].

6.1 Horizontdifferenzierende und verwischende Prozesse

Neben diesen Stoffverlagerungsprozessen, die man auch als *horizontdifferenzierende* Prozesse bezeichnen kann, kennt man (nach D. F. Hole) auch *horizontverwischende* Prozesse. Zu diesen zählt z. B. die zoogene Durchmischung von Böden durch wühlende Kleinsäuger (Hamster, Ziesel u. a.), die besonders in Steppenschwarzerden (Tschernosemen, [7.4]) in großer Zahl vorkommen und die, neben Lumbricidenarten, auch zur Vertiefung der humosen Oberkrume (A-Horizont) beitragen können. Bei der Tschernosemierung verhindert diese zoogene Durchmischung die Entstehung

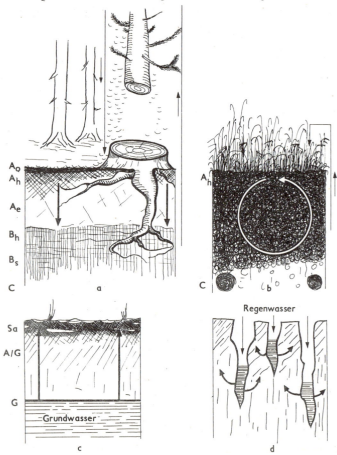

von Subhorizonten. Es entsteht im Idealfall ein *einheitlicher* A-Horizont (Gegensatz: Podsolierung [7.3]).

In Abb. 6.1, Bild b, ist ein Steppenbodenprofil mit Tierlöchern im anorganischen Ausgangsmaterial der Bodenbildung (C-Horizont, meist Löß) dargestellt. Der Kreispfeil weist auf die zoogene Durchmischung hin. Auch finden wir noch einen Stoffkreislauf bei der Aufnahme von Nährstoffen durch die Wurzeln der Steppengräser und ihre Abgabe an die Böden nach Verrottung der Pflanzen.

Als weiteren horizontverwischenden Prozeß kann man die „hydratische" Durchmischung betrachten; sie tritt bei Böden auf, die in der Trockenzeit starke Schwundrisse infolge Wasserabgabe aus den Sorptionskomplexen (Huminstoffe, Tonminerale u. a.) aufweisen. Nach den ersten Regenfällen füllen sich, wie Abbildung 6.1, Bild d, darstellt, die tiefen Spalten mit Wasser, wodurch eine Quellung des Unterbodens durch Aufnahme von Hydratwasser und damit eine Durchmischung des Gesamtbodens erfolgt, so z. B. bei der Takyrierung [9.2] und bei manchen Solonezen [8.7.2] oder ähnlichen Böden („Gilgai"-Prozesse, „selfmulching"-Effekt).

Über die Rolle der *Kryoturbation* bei der Stoffverlagerung in Kaltgebieten der Erde s. [9.1].

Abb. 6.1 Vorherrschende Prozesse der Stoffverlagerung bei verschiedenen Bodenbildungen.
Starke Linie mit Pfeil: vorherrschende Verlagerungstendenz der Bodenteile.
Dünne Linie mit Pfeil: Kreislauf von Pflanzennährstoffen u. a. Teilen über Wurzelaufnahme und Blatt- bzw. Nadelabfall, besonders bei a) und b).
a) *Podsolierung* [7.3]. Auswaschung der A-Horizonte überwiegt, Anreicherungen in den B-Horizonten (Unterboden) in Form von Sesquioxiden, Kieselsäure, Huminstoffen usw.
b) *Tschernosemierung* [7.4], zoogene Durchmischung (wühlende Bodentiere); Auswaschung und Anreicherung im A-Hor. etwa im Gleichgewicht.
c) *Solontschakierung* [8.7.1,] Anreicherung von lösl. Na-Salzen (Sa) im A-Hor. überwiegt (durch Aufstieg von Bodenlösungen im ariden Klima)
d) *Takyrierung* [9.2], „hydratische" Durchmischung. Eindringen von Regenwasser in die während der Trockenzeit in Spalten aufgerissenen Böden, Wiederaufquellen der Tonminerale von unten. Ähnlich bei manchen Na-reichen anderen Böden der Trockengebiete (Solonezierung, Tirsifizierung).

6.2 Bodentypen und höhere Kategorien der Bodensystematik

Als Bodenprofil bezeichnet man die natürliche Abfolge der Horizonte [6.1] von der Erdoberfläche (humoser Horizont A_h bzw. A) bis zum unzersetzten, nur mechanisch zerfallenen Gestein (C-Horizont); dies kann aber auch ein Material sein, das bereits in geologischer Vorzeit einen Verwitterungszyklus durchgemacht hat, so z. B. ein Rotlehm, der etwa in der Pluvialzeit in einem tropisch-feuchten Klima entstanden ist und jetzt im trockeneren Klima der Gegenwart das „Ausgangsgestein" einer heutigen Bodenbildung darstellt, s. dazu auch [6.5], Absatz a. Bodenprofile mit Grundwasser (G-Horizont) enden in diesem.

Böden mit gleichem Profilaufbau, d. h. mit gleicher oder ähnlicher Entstehungsweise und gleichen Eigenschaften der einzelnen Horizonte, also mit gleichen pedologischen Merkmalen und gleicher Dynamik faßt man zu *Bodentypen* zusammen.

Es ist eine Streitfrage, wie weit man als Unterscheidungsmerkmale zwischen den Typen außer den allgemeinen pedologischen Kennzeichen auch noch lithogene Merkmale hinzuziehen soll. In der Systematik der Böden Mitteleuropas haben viele Fachvertreter aus den schon oben [5.3] genannten Ursachen, so z. B. MÜCKENHAUSEN (6), diese Frage bejaht. Bei weltweiter Betrachtung ist es aber angebracht, solche lithogenen Unterscheidungsmerkmale, die im Laufe den Bodenentwicklung sowieso zurückzutreten pflegen [5.2 u. 5.3], weniger zu betonen. Man kann dann die Bodentypen als Systeme definieren, in denen die Prozesse der Stoffwanderung und -verlagerung, des Wasser- und Lufthaushalts, der Biotisierung usw. gleichsinnig verlaufen, s. hierzu auch die Typendefinition von SCHEFFER-SCHACHTSCHABEL (8, S. 250); danach sind Bodentypen Böden gleicher Entwicklungsstufe (Grad und Art der Profildifferenzierung), die charakteristische, bodeneigene Merkmale gemeinsam haben und sich daher in typischer Weise von Böden mit anderem Entwicklungszustand unterscheiden; s. hierzu auch die Ausführungen in FIEDLER-REISSIG (2), S. 421 f.

Neben diesen Bodentypen als Grundlagen jeder Bodenklassifikation sind auch noch höhere Kategorien, wie Klassen, Abteilungen usw. erforderlich, um die Fülle der vorkommenden Böden selbst in enger begrenzten Räumen, wie z. B. in der BRD (MÜCKENHAUSEN

(6)), systematisch zu ordnen. Um so mehr gilt dies für Großräume der Erde oder die gesamte Landoberfläche. Als Beispiel für eine solche großräumige Ordnung auf „höchster Ebene" sei die Einteilung in zwei Gruppen auf Vorschlag der Bodenkundler in den USA genannt. Nach MARBUT können dabei unterschieden werden:

a) Die „*Pedocale*", die solche Böden umfassen, in denen sich $CaCO_3$ oder $CaSO_4$ im Boden während der Prozesse der Bodenbildung angehäuft hat, und zwar ohne Rücksicht auf An- und Abwesenheit von $CaCO_3$ im anorganischen Ausgangsmaterial; über die Möglichkeit solcher $CaCO_3$-Entstehung aus Ca-Silikaten s. [4.2]. Der Wortteil „ca" in der Bezeichnung „Pedocale" weist auf solche Neubildungen hin, die nach dem oben Dargelegten nur in trockeneren Klimaten vor sich gehen können.

b) In den „*Pedalferen*" häuft sich $CaCO_3$ in keinem Teil des Profils an; $CaCO_3$ aus dem Gestein wird während der Bodenbildung ausgelaugt (wie z. B. bei den Böden der Rendzinierung im humiden Klima [8.1.3]). Es bilden sich, wie der Wortteil „alfe" angibt, bei Entstehung von Bodentypen in humiden Klimaten freie Sesquioxide (Al_2O_3 und Fe_2O_3) als Folge bodenbildender Prozesse in wechselnden Mengen (Podsolierung, Braunerdebildung, Rubefizierung und Laterisierung). Die Tschernoseme bilden etwa den Übergang zwischen Pedocalen und Pedalferen.

6.3 Atmosphärischer Staub und Bodenbildung

Die Bedeutung des atmosphärischen Staubs als einer Art der Stoffverlagerung für die Bodenbildung hat man erst in den letzten Jahren deutlicher erkannt, seitdem man Menge und Zusammensetzung des Staubs exakt messen konnte. Nicht nur in ariden Gebieten, wo Sedimentation und Wegfuhr des Staubs schon länger bekannt sind, sondern auch in humiden Gebieten können bodenbildend wirksame Staubmengen abgesetzt werden; dies geht z. B. aus Messungen in Schweden, der UdSSR und Frankreich deutlich hervor. So betrugen im Staub die Mengen an Ca nach Messungen in Schweden etwa 6—18 kg je ha und Jahr, an Na 5—10 kg, an K 1—4,5 kg. Der Staub besteht teils aus feinen $CaCO_3$- und Quarzitpartikeln, teils aus silikatischen Anteilen (z. B. auch neugebildete Tonminerale) und Huminstoffen. Aus diesen kann sich im Laufe längerer Zeiträume eine erhebliche Verlehmungsdecke zusätzlich zu den schon aus dem anstehenden Gestein entstandenen Bodendecken bilden. Solche Staubzufuhren erklären auch m. E. in manchen Fällen die erheblichen Mächtigkeiten der Verlehmungsdecken auf hochprozentigen Kalksteinen, die bei den Prozessen der Rendzinierung [8.1.3] entstehen können und die aus den geringen nicht-karbonatischen Anteilen dieser Kalke *allein* nicht abzuleiten sind. Dies trifft besonders für Gebiete in der Nähe von Löß- oder Sand- oder Schotterablagerungen zu, die in der Nacheiszeit längere Zeit ohne Vegetationsdecke gelegen haben, und gilt auch für Landschaften mit überwiegender Ackernutzung, deren Böden längere Zeit von Pflanzen entblößt und deswegen dem Staubabtrag ausgesetzt sind.

In ariden Gebieten wird Staub teils zugeführt, besonders in Gebieten mit noch relativ dichter Vegetationsdecke, teils aber winderosiv weggeführt, wenn die Bodenentblößung von Natur aus oder durch Überweidung und andere wirtschaftsbedingte Ursachen sehr weit fortgeschritten ist. Die Staubzufuhr (und die häufig damit verbundene Sandüberrollung) der Böden in Trockengebieten kann den Boden überdecken und begraben, so daß dann eine Neubildung des Bodens erfolgen muß und vorübergehend ein Initialstadium der Bodenbildung entsteht. Die erosive Wegfuhr von schon gebildetem Boden in Form von Staub „köpft" das Bodenprofil und schafft gleichfalls ein Stadium unvollkommener Bodenbildung. Als weiteres Ergebnis der Staubwirkung kann man feststellen, daß Staubzufuhr den betroffenen Boden von den Wirkungen des Ausgangsgesteins unabhängiger machen kann (z. B. Zufuhr von silikatreichem und daher fruchtbarem Staub auf extrem arme Böden aus Quarzitsanden).

6.4 Intensität der Bodenbildung und Stoffverlagerung in humiden und ariden Klimaten

Wenn wir humide und aride Gebiete mit etwa gleicher mittlerer Jahrestemperatur vergleichen, können wir feststellen, daß die Intensität der Bodenbildung und das Ausmaß der Stoffverlagerung in humiden Klimaten wegen des reichlicher zur Verfügung stehenden Niederschlagswassers allgemein erheblich größer ist als in ariden Klimaten. In diesen nimmt die Bildung der Huminstoffe mit zu-

6.4 Bodenbildung, Stoffverlagerung und Klima

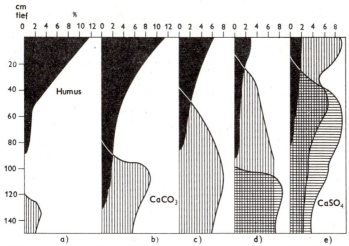

Abb. 6.2 Menge und Verteilung von Humus, Karbonaten und Sulfaten im Profil mit zunehmender Aridität des Klimas. Zunehmender Humusgehalt bis zum typischen Tschernosem, dann Abnahme mit zunehmender Aridität. Gleichzeitig steigen $CaCO_3$ und $CaSO_4$ mengenmäßig an mit deutlichem Höherrücken im Profil. Nach GERASIMOV und GLAZOVSKAJA (14).
a) lessivierter Tschernosem [7.4.1]
b) typischer Tschernosem [7.4]
c) dunkelkastanienfarbener Boden [7.4.3]
d) Brauner Halbwüstenboden [7.5]
e) Graubrauner Wüstenboden, trockener als d)

nehmender Trockenheit ab (geringerer Pflanzenwuchs, stärkerer Sauerstoffzutritt zum A-Horizont), so daß humusärmere Böden entstehen. Die $CaCO_3$-haltigen Horizonte rücken infolge Erhaltung und Neubildung von $CaCO_3$ und Aufstieg von $Ca(HCO_3)_2$-haltigen Bodenlösungen näher an die Bodenoberkrume. Verteilung und Gehalt an Humus, $CaCO_3$ und $CaSO_4$ in Tschernosemen, Kastanienfarbenen Böden und Halbwüstenböden, also mit zunehmender Aridität, sind in Abbildung 6.2 dargestellt. Die Stoffwanderung hat in ariden Zonen nicht nur eine andere Richtung als in humiden; auch die Strecke der Verlagerung ist in ariden Gebieten erheblich kleiner als in humiden. Dazu kommt noch die erheblich stärkere Wirkung des Staubes als Faktor der Stoffverlagerung in Trockengebieten, die in [6.3] bereits besprochen ist.

Mit zunehmender Aridität finden wir intensivere (und anders als in humiden Gebieten ausgerichtete) Bildungsprozesse nur noch in Wannen, Senken und Tälern der Trockengebiete. Dort sammelt sich das für die Prozesse nötige Wasser nach episodischen und periodischen Regengüssen (Abbildung 8.1) und ist während längerer Zeitspannen für bodenbildende Prozesse verfügbar. Es kommt dort z.B. im Gebiet der Trockenwälder und Savannen mit nur geringen Bodenhumusmengen nur in den Senken zu einer viel deutlicheren Humifizierung und Bildung schwarzgrauer Böden der Tirsifizierung [8.6]. Solontschakierung mit deutlichen Salzhorizonten [8.7.1] findet sich nur in Senken mit gelegentlicher Durchfeuchtung innerhalb der Halbwüsten- und Wüstengebiete mit ihren nur schwach profilierten Böden. In humiden Gebieten, wo das Verhältnis zwischen dem durch Niederschlag zur Verfügung stehenden Wasser und dem *zusätzlich* in Tälern und Senken vorhandenen Grundwasser nicht derart eng ist wie in ariden Gebieten, ist der Intensitätsunterschied in den Bodenbildungsprozessen viel geringer.

In Übersicht 9.2 sind die Merkmale der Bodenbildungsprozesse innerhalb verschiedener Klimate, die durch Reliefausformung (und damit zusammenhängenden Bedingungen des Wasserhaushalts) ausgelöst sind, zusammengestellt; auch hier ist der schon mehrfach genannte überragende Einfluß von Klima und Relief auf die Bodenbildung evident.

6.5 Bodengeschichte, menschliche Arbeit und Bodentypenbildung

In den vorhergegangenen Ausführungen [3] wurden stets die engen Beziehungen zwischen Umweltfaktoren und Böden hervorgehoben. Besonders eng sind die Beziehungen zwischen Klima und Bodenbildung bei Betrachtung größerer Erdräume und z. T. auch zwischen Gesteinen und Bodenbildung, wie besonders in Mitteleuropa. Diese Beziehungen zwischen Böden und einzelnen Umwelteinflüssen können aber unter Umständen gestört sein, hierzu nur zwei Beispiele:

a) *Bodengeschichte:* Bereits in [6.2] haben wir die Rolle der Reste der Gesteinsverwitterungsprodukte aus geologischer Vorzeit für die heutige Bodenbildung kennengelernt. Diese Reste bilden dann, soweit sie erhalten sind, oft das anorganische Ausgangsmaterial, also den C-Horizont, des rezenten Bodens; sie können dann die heutige Bodenbildung in anderer Weise steuern als bei den im gleichen Klimaraum liegenden Böden aus anstehendem *unverwittertem* Gestein. Wir hätten dann im gleichen Klima also zwei völlig verschiedene Böden vor uns. Dies ist z. B. oft im tropischen und subtropischen Afrika der Fall: während der Pluvialzeit gebildete Rotlehme verstauben und vererden im heutigen, weit trockneren Klima und entwickeln sich zu Roterden, während heute aus anstehendem unverändertem Gestein Böden mit geringerer Bildungsintensität (wie etwa Braune und Graue Böden der Halbwüsten) und von ganz anderer Farbe und Zusammensetzung entstehen können. Einfacher gestalten sich die Beziehungen zwischen Bodenbildung und Umwelt in Mitteleuropa. Hier wurden im Pleistozän die Verwitterungs- und Bodenreste der Vorzeit i. d. R. durch Solifluktion, Überschüttung und Abräumung völlig beseitigt. Eine ganz neue Bodenbildung setzte nach Abschmelzen des Eises und Wiederbesiedlung durch die Vegetation ein. Sie führte dann über verschiedene Zwischenstufen, die infolge von Klimaschwankungen im Verlauf des Holozäns eintraten, zu den heutigen Böden. Das Material der Böden, das während dieser Klimaschwankungen entstanden ist, kann aber örtlich die rezente Bodenbildung beeinflussen und damit die einfachen Beziehungen Boden—Klima bisweilen stören.

b) *Menschliche Arbeit an den Böden;* diese ist zum Verständnis der heutigen Böden stets zu berücksichtigen, denn sie führte in weiten Gebieten zu einer sekundären Umgestaltung der Böden und damit vom Naturboden zum Kulturboden [12]. In alten Kulturgebieten, wie Mitteleuropa, wurden so z. B. die natürlichen Waldböden durch Ackerbau großflächig in eine Art sekundärer Steppenböden umgewandelt. Andere sekundäre, anthropogen bedingte Prozesse können im Rahmen dieses Buches nur kurz gestreift werden [12]. Es war für die naturwissenschaftliche Erforschung der Bodenbildung nachteilig (wenn auch vom wirtschaftlichen Standpunkt aus verständlich), daß die ersten Bodenuntersuchungen zumeist von diesen anthropogen umgestalteten Böden ausgingen und nicht von den natürlichen Typen. Auf diese Weise kam die Forschung erst spät zur Bearbeitung der Probleme der Bodenbildung und damit zu einer pedologischen Grundlagenforschung.

6.6 Abschließende Betrachtung

Böden sind als selbständige Körper im Durchdringungsbereich von Atmosphäre, Biosphäre und Lithosphäre Bestandteile von Landschaften und daher auch von deren besonderen Eigenschaften abhängig. Ihr Wesen und ihre besondere Stellung bestehen darin, daß sie ihrer Zusammensetzung nach zwar besondere Naturkörper mit arteigenen Bestandteilen sind (reaktionsfähige Tonminerale, Huminstoffe usw.), gleichzeitig aber in ständiger Fühlungnahme mit anderen Naturerscheinungen und -körpern stehen (Umwelteinflüsse) und von diesen abhängig sind. Typisch ist ihre Dynamik, Entstehen und Vergehen einzelner ihrer Teile, ihr Lebenerfülltsein, die verschiedenen in ihnen vorkommenden Phasen und deren Verhältnis zueinander; alle diese und andere kennzeichnenden Eigenschaften ergeben sich wiederum aus dem Dasein der Böden im oben genannten Durchdringungsbereich der verschiedenen Sphären.

Die für die Bodenbildung grundlegend wichtigen Neubildungen, Abbau-, Anreicherungs- und Verarmungsprozesse führen meist zu einem dynamischen Gleichgewicht im Boden und zur Bildung von charakteristischen *Horizonten* bei den einzelnen Bodentypen. Böden können sich nach Abtrag oder Zerstörung bei nicht zu ungünstigen Umweltbedingungen unter Wiederholung der in [5] geschilderten Entwicklung regenerieren.

Alle die Vorgänge und Neubildungen umfassen aber je nach Umweltbedingungen und je nach Menge und Eigenart der Sorptionsträger und ihrer Beziehungen zu den übrigen Bodenteilen ganz *verschiedenartige* Bodenbildungsprozesse; sie werden in den folgenden Abschnitten [7, 8, 9] behandelt.

KAPITEL 7

Wichtige vorwiegend zonale Bodenbildungsprozesse und Bodentypen

Nach Beschreibung von Stoffneubildungen in Böden, von allgemeinen Richtungen der Bodenentwicklung und Bodenbildung folgt nunmehr die Schilderung einzelner bestimmter Bodenbildungsprozesse.

In [3] wurden die Umwelteinflüsse auf die Bodenbildung dargelegt. Auf größere Erdräume bezogen, können wir die Abhängigkeit einzelner Bodenbildungsprozesse von Klimazonen deutlich feststellen — so z. B. in Osteuropa und Westasien. Wir sprechen dann von zonaler Bodenbildung. Es trifft aber keineswegs zu, daß jeder Klimazone, die wir etwa auf Grund der KÖPPENschen Klassifikation ausscheiden, nur ein bestimmter Bodentyp zugeteilt ist. Wir wissen schon sehr lange (s. a. [3]) um die Einflüsse außerklimatischer Faktoren auf die Bodenbildung; dies betonte bereits DOKUTSCHAJEW vor etwa 80 Jahren — wenn dieser auch dem Klima in mancher Hinsicht eine bedeutendere Rolle als den anderen Umwelteinflüssen zuschrieb. So finden wir z. B. in Mitteleuropa oft einen besonders starken lithogenen Einfluß, da gerade hier die Gesteinsarten auf engem Raum innerhalb des gleichen Großklimas (Cf nach KÖPPEN) stark wechseln und durch ihren Einfluß die Bodenbildung in bestimmter Weise steuern, so wie dies auch aus Übersicht 5.1 hervorgeht. Die Bedeutung des Reliefs (einschließlich der Exposition) auf die Bodenbildung ist erst in neuerer Zeit deutlicher erkannt worden [3.3].

Man bezeichnet vielfach die Böden, die nicht vorwiegend dem Einfluß des Klimas, sondern besonderen Einwirkungen außerklimatischer Faktoren ihre Entstehung verdanken, als *intrazonale* Böden. Doch muß man nun auch hier wiederum einschränkend bemerken, daß nicht ein außerklimatischer Faktor *allein*, also etwa ein bestimmtes Gestein, in allen Klimazonen den *gleichen* Bodenbildungsprozeß auslösen wird.

Ein Beispiel möge dies erläutern:

Im heimischen Klima entsteht aus Kalk, besonders unter natürlicher Waldvegetation, der Bodentyp der sog. Rendzina [8.1.3] im deutlichen Gegensatz zur Braunerde [7.6] aus silikatischen Gesteinen unter sonst gleichen Umweltbedingungen. Die Rendzinen sind also intrazonale Bodentypen, die an ein ganz bestimmtes Gestein — Kalk — gebunden sind, während die Braunerden aus der großen Vielfalt der silikatisch-quarzitischen Gesteine entstehen. In anderen Klimaten bilden sich aber aus Kalk keine Rendzinen, sondern Bodentypen anderer Dynamik. Ein entsprechendes Beispiel sei für den Einfluß des außerklimatischen Faktors Grundwasser gegeben: im kühl-humiden Klima entsteht in abflußlosen Mulden ein Hochmoorboden, im trocken-heißen Klima eine Salzpfanne mit Solontschaken (Böden mit freien Na-Salzen [8.7.1]).

Den einzelnen Klimagebieten werden also nicht nur *ein* bestimmter Boden, sondern eine Schar von Böden je nach Art und Wirkung der außerklimatischen Faktoren zugeordnet sein, so daß der Begriff „intrazonal" im strengen Sinn nicht ganz richtig ist. Dennoch ist die Bezeichnung „intrazonal" auch im vorliegenden Buch verwendet worden, weil die zonalen Böden i. d. R. sehr viel stärker verbreitet sind und sich von diesen die „intrazonalen" Böden sehr deutlich abheben.

Die *Prozesse der Bodenbildung* (Übersicht 7.1) wurden zuerst im alten Rußland, etwa seit der zweiten Hälfte des 19. Jh., beschrieben (z. B. GLINKA (3)). Hier sind die Voraussetzungen für die Erkundung dieser Prozesse besonders günstig gewesen: Osteuropa und Westasien als sehr weiter Landschaftsraum mit ganz verschiedenen Klimazonen, relativ geringe Störung der Bodenbildung durch Relief und Exposition, verhältnismäßig geringer Wechsel der Gesteine, nicht so lang dauernde und weniger intensive Einwirkung einer bodenumgestaltenden Ackerkultur im Vergleich z. B. zu Mitteleuropa. So ist es verständlich, wenn der Einfluß des Klimas auf die Bodenbildung frühzeitig erkannt wurde (Ausscheidung zonaler Bodentypen). Im Hinblick auf die Theorien der Bodenbildung war es günstig, daß sich die Benennung der Typen nach den im Boden ablaufenden Prozessen (z. B. Tundrabodenbildung, Podsolierung usw.) durchsetzen konnte und nicht, wie anfangs in Mittel- und

Westeuropa, nach agrikulturchemischen und petrographischen Materialeigenarten (Lehmboden, Kalkboden, Granitboden usw.).

Neben dem Klima als Faktor der Bodenbildung wurden bald auch andere Faktoren der Umwelt als wichtig erkannt (DOKUTSCHAJEW u. a.). Die historische Entwicklung der Kenntnis dieser Prozesse ist in der Übersicht 7.1, in der nur wenige Autoren zitiert sind, zusammengestellt. Der Verf. hat noch einige *bodenartige* Formen der Kalt- und Trockengebiete zu den echten Böden im Sinne der modernen Bodenkunde hinzugefügt.

Eine Bemerkung zur Nomenklatur: im Text ist den Bodenbildungsprozessen die Endung -bildung oder -ierung angehängt. Hiermit soll zunächst im Hinblick auf das prozeßhafte Geschehen betont werden, daß es sich nicht um einen abgeschlossenen und stabilen Zustand in dem jeweils vorliegenden Boden handelt, sondern um Entwicklungen gegen einen Endzustand mit einem dynamisch zu verstehenden Gleichgewicht. Gleichzeitig ist eine Erweiterung des Typenbegriffs beabsichtigt: zu den Böden der „Podsolierung" gehören z. B. nicht nur die einzelnen typischen Podsole, sondern auch Böden mit undeutlichen, erst sich ausbildenden Formen, in denen vorerst nur eine *Tendenz* zur Podsolierung zu erkennen ist und noch keine deutlichen Bodenhorizonte sichtbar werden. Die Böden der Tschernosemierung umfassen neben typischen Formen alle in dieser Richtung sich entwickelnden Typen sowie auch ausgelaugte Formen, ferner sog. Para-Tschernoseme, südl. Tschernoseme, Prärieböden usw.

7.1 Horizontale und vertikale Zonalität der Böden

Wie bereits in [7] hervorgehoben, trifft man unter bestimmten Voraussetzungen in Großräumen der Erde unter verschiedenen Klimaten zonale Bodentypen, wie es die klassischen Beispiele Osteuropa und Westasien, ferner, wenn auch weniger deutlich, Afrika und Nordamerika zeigen. Entsprechend dieser horizontalen Zonalität findet man auch in vielen Hochgebirgen der Erde eine entsprechende *vertikale* Zonalität: mit steigender Höhenlage und meist höheren Niederschlägen mit dadurch vermehrter Durchwaschung und geringeren Wärmesummen ändern sich die Böden in entsprechender Weise. So kommen z. B. am Fuß des Kaukasus trockne,

Übersicht 7.1

Vergleichende Klassifikation bodenbildender Prozesse bei verschiedenen Autoren, Intrazonale Typen kursiv
Stärkere Aufgliederung der Prozesse bzw. Typen der Bodenbildung in neuerer Zeit, besonders im intrazonalen Sektor.

KOSSOVIČ 1911	GLINKA (3) 1914	ZACHAROV 1927	MARBUT 1927	JOFFE 1949	DUCHAUFOUR 1960	GERASIMOV und GLAZOVSKAJA 1960	im vorliegenden Taschenbuch 1965 echter Bodentypen	Bildungsprozesse bodenartiger Formen
Wüstentypen		Wüstentypen		Wüstentypen		Graubraune Wüstenböden		Bildung bodenartiger Feinsedimente in Wüsten *Takyrierung*
	Graue und Braune Halbwüstenböden		**Pedocale** (Neubildung von CaCO$_3$ im Profil)	Halbwüstentypen, *Takyrbildung*		Serosem und Braune Halbwüstenböden,	Serosemierung	
Trockensteppentypen	Trockensteppentypen (Kastanienfarbene Böden)	Trockensteppentypen, *Solontschaktypen*,		aride Typen, *Solontschake*	Versalzung	Zimtfarbene Böden *Solontschake*	*Solontschakierung*	
Steppentypen	Tschernoseme	Tschernoseme *Solonezetypen*		Tschernosemtypen, *Soloneztypen*	Kalzifizierung *Solonzierung*	Tschernoseme, Kastanienfarbene Böden und *Wiesenböden*	*Solonzierung*, Tschernosemierung *Wiesenbodenbildung*	

		Pedalfere (Neubildung von freien Sesquioxiden im Profil)				
Kühlhumide Wald- und Wiesentypen	Podsole			Lessivierung	*Soloneze* Braune und Graue Waldböden (Lessivierte Böden)	Bildung Brauner Waldböden, Lessivierung *Rendzinierung*
	Moortypen		*Hydromorphe Typen*	*Gleybildung*		*Gleybildung*
			Podsoltypen, *Solodtypen*	Podsolierung *Solodierung*	Podsole *Solode*	Podsolierung *Solodierung*
					Moor- und Podsolmoorböden	*Moorbodenbildung*
	Hochmontane Typen					Alpine Humusbildung
Polarregiontypen	Polarregiontypen		Tundratypen		Tundragleyböden	Tundrabodenbildung
						Bildung von Polygonen, Steinstreifen u. ä. -böden in Kaltgebieten
Feuchttropische Typen	Laterittypen		Lateritische Typen	Laterisierung		Laterisierung
Subtropische Typen	Roterden (Schwarzmeerküste)			Rubefizierung	Gelberden, Roterden	Rubefizierung *Tirsifizierung*

Kastanienbraune Böden vor, die mit steigender Erhebung von Tschernosemen, lessivierten Böden und Podsolen abgelöst werden. Ähnliche Beispiele dieser vertikalen Zonalität sind aus den USA bekannt. Auch aus den Alpen sind derartige Reihen beschrieben worden. Allerdings ist diese Zonalität in den Hochlagen der Gebirge oft durch Erosion, Bodenverschüttung, Muren u. ä. stark gestört.

7.2 Tundrabodenbildung

Im hohen Norden der Erde kann man nach BÜDEL zwei Zonen unterscheiden: die Frostschutt- und die Tundrazone. In der Frostschuttzone entstehen keine echten Böden, sondern höchstens bodenartige Formen, da hier das für die Bodenbildung nötige flüssige Wasser infolge Frostwirkung entweder völlig fehlt oder nur vorübergehend verfügbar ist. Erst in der Tundrazone finden wir neben bodenartigen Bildungen [9] auch schon echte Böden. Diese Tundrengebiete im Norden Asiens und Nordamerikas sind noch durch kühle Sommer und strenge Winter ausgezeichnet (E-Klimate nach KÖPPEN). Die Böden tauen daher im Sommer nur oberflächlich auf. Ihr Untergrund bleibt (mit Ausnahme von Teilen der wärmeren Randgebiete) stets gefroren. Wegen der Undurchlässigkeit des gefrorenen Untergrunds unterliegen diese Böden einem moorigen „Gleyprozeß" (VILENSKIJ, (9) S. 270 ff.), d. h. sie sind trotz der geringen Niederschlagshöhe infolge der noch geringeren Verdunstung stets überfeuchtet. Der Pflanzenwuchs ist zwar gering, doch kommt es wegen des mangelhaften Abbaus der nur in geringer Menge anfallenden organischen Substanz zu einer Anreicherung organischer Massen, da chemische und biologische Prozesse infolge der Kälte des Winters und der Übernässung in der kurzen Auftauperiode zurücktreten. Dies gilt besonders für die „Flechtenzone" der Tundra. Die Bodendecke ist sehr gering, die Dicke der einzelnen Bodenhorizonte beträgt oft nur ein bis wenige Zentimeter. Die organischen Stoffe des Oberbodens reduzieren die Eisenverbindungen der Böden, so daß blaugraue „Gleyfarben" entstehen mit einigen rostroten Flecken an denjenigen Stellen, wo wegen geringen Luftzutritts eine begrenzte Oxydation einsetzt.

Beim Übergang in die Gestrüpp- und Waldtundra verstärken sich die bodenbildenden Prozesse. Die dichtere Pflanzendecke und die höher werdenden Wärmesummen verursachen deutlichere und stärkere Bodenhorizonte. Es entstehen „Torfgleyböden" mit einer bis 8 cm starken Humusdecke, unter denen blaugraue und aschenfarbene Horizonte folgen und „Podsolgleyböden", bei denen schon podsolige Prozesse mit deutlich sichtbarem Anreicherungshorizont B und saurer Reaktion auftreten. Diese Prozesse leiten bereits zur typischen Podsolierung [7.3] über.

7.3 Böden der Podsolierung
(Farbtafel obere Reihe g. l.)

Die Böden *typischer* Podsolierung findet man hauptsächlich in Df-Klimaten der KÖPPENschen Klassifikation. Es sind winterkalte, kontinentale Klimate mit großer Temperaturdifferenz zwischen kältestem und wärmstem Monat. Die ständige Bodengefrornis ist nur noch inselhaft vertreten, es dringt jedoch der Bodenfrost im Winter noch etwa 2—3 m tief ein. Die lichten Wälder der Waldtundra machen geschlossenen und wüchsigeren Nadelholz- und Mischwäldern Platz. Die chemische Verwitterung nimmt zu als Folge höherer Wärme und stärkerer Beteiligung organischer Ausgangssubstanz (Nadel- und Laubabfälle). Im einzelnen laufen hierbei folgende Prozesse ab, wobei typische Auslaugungsvorgänge überwiegen (Abbildung 7.1):

a) Abwanderung der Erdalkali- und Alkalikationen [4.3] aus Silikaten, dadurch und durch (d) starke Versauerung (pH um 3,5—4);

b) Verlagerung von vorübergehend entstehenden Tonmineralen;

c) Aufspaltung dieser Tonminerale, Entstehung freier Oxidhydrate von Al, Fe und Si aus den Tonmineralen oder aus primären Silikaten;

d) Entstehung relativ niedermolekularer, etwas wasserlöslicher, organischer Säuren durch Umbauprozesse der Laub- und Nadelabfälle;

e) organominerale Komplexbildung aus (d) und Al und Fe. Molekulare Lösungen dieser chelatartigen Verbindungen [4.9] wandern in den Unterboden; SiO_2-Hydrate wandern als Sole;

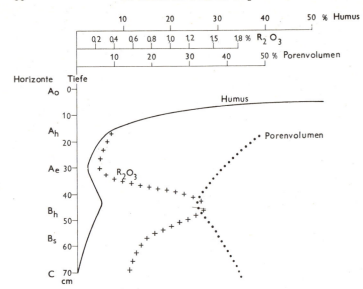

Abb. 7.1 Menge und Verteilung von *Humus* (organische Substanz), und R_2O_3 (= Al_2O_3 + Fe_2O_3), lösl. in Tamms Reagenz (Ammoniumoxalat +Oxalsäure) in einem typischen Podsolprofil. Das *Porenvolumen* (%) ist in den verdichteten Horizonten B mit Anreicherung von ausgefällter organischer Substanz und R_2O_3 am geringsten. Zahlenangaben nach SCHEFFER—SCHACHTSCHABEL (8), S. 286.

f) Ausfällung dieser Komplexe im Unterboden (infolge höherem pH-Wert, Oxydation des Fe(II), wiederholter Eintrocknung, Mineralisierung der organischen Anteile u. a. m.), dadurch Bildung eines verdichteten Anreicherungshorizonts B (Hüllengefüge).

Prozesse der Podsolierung laufen in typischen Entstehungsgebieten auf allen Gesteinen ab, beschleunigt auf silikat- und erdalkaliarmen Gesteinen, da erst die Auslaugung dieser Kationen in saurem Milieu die Bildung niedermolekularer Huminstoffe, darunter freier Fulvosäuren, zuläßt.

Gegenüber den angegebenen Prozessen tritt die Wanderung des Al und Fe als Ion zurück. Die früher als wesentlich angenommene Bildung von „Schutzkolloiden" für Fe- oder Al-Oxidhydrate (Umhüllung mit negativ geladenen Humuskolloiden) hat nach neueren Forschungsergebnissen eine geringere Bedeutung.

7.3 Podsolprofil. Sekundäre Podsole

Als Resultat der oben geschilderten Verlagerungsprozesse ergibt sich bei den Böden der Podsolierung folgender Horizontaufbau (s. dazu a. Abbildung 5.2 und 6.1a):

A_0 eine bis mehrere cm starke Rohhumusdecke (aus Rotteprodukten der Waldbäume und begleitender Zwergsträucher) mit starkem Gehalt an freien Fulvosäuren und noch kenntlichen wenig und stark zersetzten Pflanzenresten, darunter Humusstoffhorizont ohne erkennbare Pflanzenstruktur, sehr sauer. Wegen seiner Armut an Stickstoff ist das Verhältnis von organ. gebundenem Kohlenstoff (C) und Stickstoff (N) etwa 25—30; Gegensatz: Tschernoseme [7.4]. Der Rohhumus der Podsole wird neuerdings auch als O-Hor. bezeichnet

A_h dunkelgrauer Horizont mit eingeschlämmtem Humus, sehr sauer

A_e typischer Eluvialhorizont des Podsols, oft fast weiß oder aschenfarben, fast nur aus Quarz bestehend, daher sehr arm an Nährstoffträgern, saure Reaktion; neuerdings auch E-Hor.

B_h verdichteter Anreicherungshorizont, enthält ausgefällte, dunkle Huminstoffe und andere organische Stoffe sowie ausgefällte Sesquioxide, P_2O_5 und andere aus dem Abbau der Chelate u. ä. organomineraler Komplexe

B_s dgl., Sesquioxide, überwiegend ärmer an organischen Beimengungen, daher braunrote Fe-Färbung stärker hervortretend; B-Horizonte erheblich weniger sauer als A-Horizonte, örtlich Verhärtung zu Ortstein möglich; neuerdings auch B_{fe}

C Ausgangsgestein.

Außerhalb des Df-Klimas trifft man in Mitteleuropa, besonders auf kationenarmen und fast silikatfreien Sandsteinen und Sanden abgewandelte, sog. sekundäre oder wirtschaftsbedingte Podsole als Nachfolgestadium eines von Natur aus anderen Bodentyps, besonders der sauren Braunerde [7.6.1]. Diese sekundären Prozesse findet man oft unter verheideten Wäldern oder unter Nadelholzaufforstungen auf armen Sanden oder Sandsteinen. Es entstehen hierbei Podsole mit meist stärkeren Rohhumusdecken (bis zu 20 cm) und weniger hellen, aschenfarbenen A_e-Horizonten als unter Naturpodsolen. Der große Mangel an Fe in diesen silikatarmen Ausgangsgesteinen führt dann überwiegend zur Entstehung von besonderen „Humuspodsolen" [8.1.1].

Podsolähnliche Böden findet man auf manchen feuchten Standorten der Tropen, örtlich mit seitlicher Wasserbewegung, so z. B. im Amazonasgebiet

(KLINGE). Die „Red and yellow podzolic soils" im feuchten subtropischen SO von Nordamerika sind nach neueren Anschauungen mit den Böden der Lessivierung [7.7] genetisch verwandt.

Abschließend kann man die podsolierenden Prozesse als typische Auslaugungsvorgänge in humiden Klimaten, besonders Df, kennzeichnen, die infolge armen Ausgangsgesteins, bestimmter Vegetationsgemeinschaften und ggf. auch menschlicher Arbeit zu meist wirtschaftlich ungünstigen Böden führen. Diese ungünstigen Eigenschaften sind teils physikalisch (Einzelkornstruktur in den A-, Verdichtung und Kohärentstruktur in den B-Horizonten, s. Übersicht 6.1), teils chemisch (Verarmung an stabilen Sorptionsträgern, Kationen und verfügbaren Pflanzennährstoffen) und teils biologisch bedingt (Einschränkung der biologischen Aktivität durch hemmende Faktoren, Armut an Kleinlebewesen, Versauerung und Verdichtung der Böden).

Alpine Humusbildungen

Oberhalb der Podsolzone der kühl-feuchten Hochlagen einiger Gebirge (z. B. Alpen, Kaukasus, Anden) werden die Podsole zuweilen von alpinen Humusbildungen (Alpenhumus) abgelöst, wobei Übergangsformen zwischen diesen und Podsolen entstehen können. Alpenhumus bildet sehr kennzeichnende, bis etwa 50 cm starke, schwarzgraue, sehr humose, meist kleinflächig auftretende Decken, die bevorzugt auf ebeneren Flächen vorkommen und oft ohne Zwischenhorizont auf Gesteinen oder Gesteinstrümmern liegen. Die auf Kalksteinen liegenden Alpenhumusmassen sind i. d. R. weniger sauer als die auf silikatischen Gesteinen.

7.4 Böden der Tschernosemierung u. a. Steppenbodenbildungen

(Farbtafel obere Reihe 2. und 3. Profil v. l.)

Die Böden mit Tschernosembildungsprozessen stehen nach MARBUT an der Grenze zwischen den stärker ausgelaugten Pedalferen (Podsole u. a.) und den Pedocalen [6.2] mit Neubildungen von $CaCO_3$ im Profil. Dementsprechend sind semihumide Klimate, in denen sich Auswaschung und Anreicherung etwa die Waage halten, eine der Voraussetzungen der Tschernosembildung und

-erhaltung; hierzu gehören z. B. nicht zu warme BS- und trocknere Dw-Klimate der KÖPPENschen Klassifikation. Ausgewaschen sind in den Tschernosemen leicht lösliche Erdalkali- und Alkalisalze (Gips, NaCl u. a.); erhalten ist, meist aber nur im Unterboden, $CaCO_3$. Sesquioxide (R_2O_3) werden im Gegensatz zur Podsolierung nicht ausgelaugt. Ihre Anteile sind daher im Ober- und Unterboden gleich.

Die Vegetation bilden Gras- und Krautgesellschaften (Stipa- u. a. Arten). Pflanzen- und Tierwelt dieser Böden ermöglichen die Bildungsprozesse stickstoffreicher Huminsäuren [4.7], die als unlösliche, „ausgeflockte" Ca- und Mg-Salze vorliegen — im Gegensatz zu den Podsolen, bei denen in der Humussubstanz Fulvosäuren und Verwandte als freie, relativ leichter lösliche Säuren vorherrschen. Sommerliche Trocknis und winterliche Kälte bewirken in typischen Tschernosemgebieten nicht nur eine Verminderung der Auswaschungsprozesse, sondern auch des bakteriellen Abbaus (Mineralisierung) der biologisch günstigen, an sich schon stabilen Huminstoffe mit einem engen Verhältnis von organisch gebundenem Kohlenstoff (C) und Stickstoff (N) etwa von 7—12. Diese Stabilität wird noch durch Bindung an die Tonminerale der Steppenschwarzerden (vorwiegend Montmorillonite und Illite) wesentlich erhöht [4.9]. So entsteht trotz geringerer Menge an organischen Ausgangsstoffen gegenüber den Waldböden in vergleichbaren Temperaturgebieten ein viel tiefgründigerer, dunklerer Humushorizont A_h mit einem Anteil bis zu 10 % und mehr organischer Substanz.

Tschernoseme bilden sich unter den o. g. Klimabedingungen und Vegetationsgemeinschaften auf fast allen Gesteinen. Am verbreitetsten sind sie auf Lössen, Mergeln u. ä. Lockermaterial, s. hierzu die Rolle des Löß in feuchteren Grenzgebieten weiter unten im Text. Alle aufgeführten Umwelteinflüsse und die von ihnen gesteuerten Bodenbildungsprozesse führen somit zu einem biologisch optimalen Typ mit hohem Sättigungsgrad an Ca^{2+} und etwas Mg^{2+}, daher neutraler Reaktion und einem ausgezeichneten, lockeren Krümelgefüge (Abbildung 6.1, b), das seinerseits auch die reiche Tierwelt des Bodens und damit die zoogene Durchmischung der Steppenschwarzerde fördert.

Unter Krümelgefüge — auch Krümelstruktur genannt — versteht man die für Tschernoseme und andere Böden mit Grasdecke typischen großen abgerundeten Bodenaggregate mit rauher, nadelstichporiger Oberfläche, ⌀ 3—9 mm, die auch gegen klimatische und wirtschaftsbedingte mechanische Einflüsse (Pflügen, Eggen usw.) stabil sind. Solche Böden weisen genügend Luftraum zwischen den Krümeln auf und erlauben daher einen Ablauf aerober Prozesse.

Als Folge aller geschilderten Vorgänge ergibt sich für den typischen Tschernosem folgendes, im Vergleich zum Podsol einfaches Bodenprofil:

A_h bis zu 1,5 m mächtig, schwarzgrauer bis fast schwarzer, lockerer, stark mit Feinwurzeln durchsetzter und mit Tiergängen (Krotowinen) durchzogener, oben $CaCO_3$-freier Horizont; unter 0,6—1,2 m feinverteiltes, oft mycelartiges $CaCO_3$. Krümelstruktur, bei wenig Tierbesatz im Unterboden gelegentlich prismatische Struktur (senkrechte Ablösungsflächen großer Gefügeaggregate mit etwa waagerechten Deckflächen)

C Ausgangsgestein, i. d. R. loses Material, wie Lösse, Mergel, Sande u. ä.

7.4.1 Umformung von Tschernosemen in feuchteren Grenzgebieten

Stärker werdende Durchfeuchtung infolge höherer Niederschläge führt zu abweichenden Formen der Tschernoseme; eine solche Klimawandlung von trocken-kontinental (mit Begünstigung der Steppenschwarzerdebildung) zu feucht-ozeanischer fand z. B. nach der Litorina-Senkung vor etwa 6000 Jahren statt. Der Wald drang infolgedessen in die Grassteppe ein. Dies geht aus den Resten der Tiergänge (Krotowinen) hervor, die nur von Steppentieren (Hamster, Ziesel u. ä.) herrühren können, die Waldgebiete meiden. Entsprechend der Änderung von Klima und Kleinlebewelt liefen dann in ehemalig typischen Tschernosemen etwa folgende Prozesse ab:

a) tiefere Auslaugung des $CaCO_3$,

b) Auswaschung von Erdalkalikationen aus den Sorptionsträgern, dadurch Versauerung und Verminderung der Krümelstruktur,

c) Rückgang des Gehalts an Huminstoffen und teilweise innere Umformung, auch weiter werdendes Verhältnis C:N,

d) Zusätzliche Bildung sekundärer Tonminerale, besonders Illite,

e) Neubildung von freien Eisenoxidhydraten (Braunfärbung),

f) im Falle stärkerer Auslaugung beginnende Wanderung von Tonmineralen, Übergangsbildungen zu Grauen Waldböden, eine Art Lessivierung in statu nascendi [7.7].

Auf Grund der aufgeführten Prozesse entstehen aus den typischen die ausgelaugten Formen und anschließend die verbraunten und verlehmten Tschernoseme; so etwa in den feuchten Grenzgebieten der echten Tschernoseme in O-Europa, entsprechend in den USA die *Prärieböden* (Bruniseme), die allerdings nicht ganz mit den verbraunten Typen Europas übereinstimmen. In Mittel- und Westdeutschland (Magdeburger Börde, Goldene Aue, Wormser Trockeninsel) sind die Tschernoseme in der geschilderten Form zumeist auf Lössen zu finden, da dieses Material wegen seiner Textur und seines Karbonatgehaltes (Wasseraufnahme, Ca-Sättigung) auch in humideren Klimaten bessere Voraussetzungen als andere Gesteine für Erhaltung tschernosemartiger Böden besitzt. Doch sind auch hier in Mitteleuropa die noch verbliebenen Resttschernoseme (von einigen Autoren als „Pseudotschernoseme" benannt) meist auf Gebiete um nur 500 mm und weniger Jahresniederschläge begrenzt. Sie stellen erste Besiedlungsflächen dar; wegen der Rodung des lichten Laubwaldes zu Ackerland ist der Steppenbodencharakter auch noch durch menschliche Arbeit (Anbau von Kulturgräsern in Form von Getreidearten, $CaCO_3$-Zufuhr) konserviert worden. Diese Tschernoseme sind erheblich humusärmer als die typischen (2—3 %), ihr A-Horizont ist geringer in seiner Stärke, aber bei geeigneter Kulturarbeit noch immer gut gekrümelt und sehr fruchtbar.

7.4.2 Tschernoseme in trockneren Grenzgebieten

Über diese Subtypen sind wir durch Arbeiten aus der UdSSR unterrichtet; in einer neueren Veröffentlichung sind für die infolge geringerer Niederschläge von S nach N trockner werdenden Tschernoseme im Gebiet der Krim vermerkt:

a) Verminderung des A-Horizonts nach Stärke und Humusgehalt (nur noch 65—88 cm dick und 3,2—3,8 % Humus),

b) Verminderung bestimmter Pflanzennährstoffe (Spurenelemente, P, N),

c) Verminderung der Wasserresistenz der Bodenkrümel,

d) $CaCO_3$- und SO_4-haltige Horizonte rücken näher an die Oberfläche,

e) Mg- und Alkaligehalte steigen,

f) Umtauschkapazität nimmt ab und Lebensbedingungen für die Mikroorganismen verschlechtern sich.

Geht man vom enger begrenzten Gebiet typischer, mächtiger und optimal fruchtbarer Tschernoseme in die angrenzenden feuchteren und trockneren Gebiete, so bemerkt man also nach beiden Seiten eine verminderte Fruchtbarkeit: dies ist am auffallendsten in den nach Menge und Qualität abnehmenden Huminstoffen erkennbar, s. dazu auch Abbildung 4.2 und Übersicht 4.4; Krümelgefüge und Nährstoffverfügbarkeit und die damit zusammenhängenden sonstigen Eigenschaften werden ebenfalls ungünstiger.

7.4.3 Kastanienfarbene Böden

(Farbtafel obere Reihe, 3. Profil v. l.)

Geht man an der Trockenseite der Tschernoseme in aridere Gebiete hinein, so trifft man auf die Zone der Kastanienfarbenen Böden, so benannt nach der Farbe des Oberbodens dieses Typs, die an reife Kastanien erinnert. Bei weniger als 350 mm Niederschlag/Jahr entstehen diese Böden unter Federgrassteppen auf allen dort vorkommenden Gesteinen, besonders auf losen, löß- und sandartigen. Vegetationsdecke und Durchspülung sind gegenüber den Tschernosemen geringer geworden; infolgedessen ist die Dicke des Bodens und sein Humusgehalt geringer (ca. 60 cm und 2—4 %), $CaCO_3$ rückt näher an die Bodenoberfläche (ca. 40—50 cm tief). Von den mäßig löslichen Stoffen ist $CaSO_4$ in unteren Bodenhorizonten vorhanden, etwa ab 120 cm. Neben den Erdalkalien (Ca, Mg) treten auch Alkalien (Na) im Sorptionskomplex des Bodens auf, besonders im hellen Subtyp der Kastanienfarbenen Böden, wenn auch i. d. R. nur in geringer Menge. Anwesenheit von freien Na-Salzen ist im allgemeinen kein typisches Zeichen Kastanienfarbener Böden, doch können in Senken innerhalb dieser Zone schon solonezartige Merkmale im Unterboden auftreten, die an die Anwesenheit von Na^+ im Sorptionskomplex gebunden sind [8.7.2]. Auch eine geringe Menge an Na^+ in normalen Kastanienfarbenen

Böden wird bereits durch die mehr oder weniger prismatische Struktur im unteren Teil des A-Horizontes, verbunden mit deutlichen senkrechten Spalten in der Trockenzeit, angezeigt. Folgendes Profilbild kann man als typisch ansehen:

A oberer Teil kastanienbraun, schichtig-schluffig, krümelig; nach unten allmählich heller, krümelig oder prismatisch, senkrechte Spalten; ca. ab 40 cm $CaCO_3$, ganzer A-Horizont rund 60 cm stark. Dieser untere Teil wird von manchen Forschern als B-Horizont abgetrennt

C hellgelb, reichlich $CaCO_3$, weiße Flecken, ab 120—150 cm Gips.

Im Bereich der Kastanienfarbenen Böden, die innerhalb der semiariden Gebiete sehr große Flächen einnehmen, unterscheiden die Bodenkundler in der UdSSR folgende Subtypen:
Dunkelkastanienfarbene Böden (4—5 %/o Humus),
Kastanienfarbene Böden (ca. 3—4 %/o Humus),
Hellkastanienfarbene Böden (2—3 %/o Humus).

Ihnen schließen sich in manchen Teilen die „Braunen Böden der Halbwüsten" mit etwa 2 %/o Humus an.

7.5 Böden der Serosemierung
(Farbtafel obere Reihe, 2. Profil v. r.)

Die Böden der Serosemierung umfassen die Bildungsprozesse der Böden in Halb- und Randwüsten, besonders der niederen Mittelbreiten. Gegenüber den Kastanienfarbenen Böden treffen wir noch größere Aridität an, trotz der z. T. höheren Niederschläge (bis etwa 350 mm), da die hohen Sommertemperaturen zu einer schnellen Verdunstung des Niederschlagswassers führen. Mehr als bisher setzen sich die in ariden Gebieten üblichen Prozesse des Aufstiegs von Bodenlösungen durch. So kommt es bei einigen dieser Böden zu leichten Krustenbildungen, besonders zu Gips- und Kalkkrusten (neben kalk- und gipsarmen Typen), daneben auch zu Kieselsäurekrusten. Statt der Al- und Fe-Ionen (wie in sauren Böden) treffen wir in diesem mehr alkalischen Milieu Aluminat- und Silikationen, die durch aride Verwitterung der Silikate [4.5] entstehen. Auch Staubzu- und -wegfuhr [6.3] spielen bei den Bildungsprozessen dieser Böden eine große Rolle. Die Humusarmut (unter 1 bis max. 2,5 %/o) führt zu einem hellen Boden mit nur losen Strukturen.

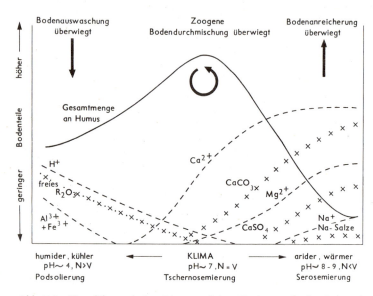

Abb. 7.2 Ungefähre relative Mengen einiger Bodenanteile im Rahmen der Podsolierung, Tschernosemierung, Serosemierung und der dazwischen liegenden Prozesse. V = Verdunstung, N = Niederschlag; nähere Erläuterung im Text am Schluß von [7.5].

Nur der B-Horizont kann in manchen Fällen durch aufsteigende Lösungen zu gröberen, etwas klumpigen Gefügeaggregaten verkittet sein. Die Humusarmut ist auf geringe Pflanzenproduktion und schnelle biologische Mineralisierung der organischen Substanz zurückzuführen. Der Sorptionskomplex (SK) der Böden enthält vorwiegend Tonminerale der Montmorillonitgruppe; an umtauschbaren Kationen sind neben Ca und Mg (90—98 %) etwa 2—8 % Alkali, zumeist Na, vertreten, wobei Mg im Unterboden überwiegt. Der Gehalt an löslichen Na-Salzen liegt normalerweise unter 1 %. Der Eintritt von einwertigen Na^+ und K^+ in den SK ist u. a. auf die stärkere Konzentration der Bodenlösungen in ariden Klimaten zurückzuführen. Das Ansteigen des Mg^{2+} und Na^+ im SK gegenüber den Böden humiderer Zonen erklärt die örtlich auftretende klumpige Struktur der Unterböden. Von den genannten möglichen Verkrustungen und Verdichtungen abgesehen, fehlt eine Verlagerung von Bodenteilen.

Abschließend ist ein Teil der Prozesse, die sich in den Böden mit steigender Aridität der Reihe: Podsolierung — Tschernosemierung — Serosemierung und den dazwischenliegenden Stadien abspielen, in Abbildung 7.2 graphisch ihrer Tendenz nach dargestellt. Die mit den Kationensymbolen ($^+$, $^{2+}$, $^{3+}$) versehenen Elemente sind zumeist an die Sorptionsträger [4.6—4.9] der Böden, also vor allem an Tonminerale, Huminstoffe, amphotere Gele usw., gebunden. Bei niedrigem pH-Wert treten H^+, Al^{3+} und Fe^{3+} auch in der Bodenlösung als freie Ionen auf. Mit Abnahme der Azidität (Zunahme des pH-Wertes) und Zunahme ariderer Umwelteinflüsse verschwinden Al^{3+}, Fe^{3+}, H^+ und freies R_2O_3 und es gewinnen zunehmend Ca, dann Mg und schließlich Na als Kationen an Bedeutung. Bei bestimmtem Sättigungsgrad von Ca^{2+} an den Sorptionsträgern tritt $CaCO_3$ auf (Beginn der „Pedocale" [6.2]), bei weiterer Aridität das leichter lösliche $CaSO_4$ und schließlich sehr leicht lösliche Na-Salze, wenn auch nur in sehr geringer Menge. Na^+ und Mg^{2+} führen dann oft zu biologisch ungünstigen, weil verdichteten Böden.

7.6 Bildungsprozesse Brauner Waldböden

Braune Waldböden entstehen, im Gegensatz zu den bisher beschriebenen Böden, vorwiegend in ausgeglichenen ozeanischen Klimaten (meist Cf nach KÖPPEN). Das natürliche Waldkleid dieser Gebiete (Laub- und Mischwälder) schützt den Boden vor Extremen des Klimaablaufs (die sowieso im ozeanischen Klima gegenüber dem kontinentalen gemildert sind): nämlich vor Gefrornis, Überhitzung, Austrocknung und Windeinwirkung. Die Braunfärbung, die den o. g. Prozessen den Namen gegeben hat, rührt von freien Eisenoxidhydraten her. Allerdings können diese Fe-Oxidhydrate und noch andere Stoffe, wie z. B. kolloidale Kieselsäure, neben Tonmineralen in verschiedener Menge und Form vorhanden sein und den betreffenden Böden einen teils *erdigen*, teils *lehmigen* Charakter verleihen; wir unterscheiden entsprechend einem Vorschlag von KUBIENA:

a) Mitteleuropäische Braun*erden,* zumeist aus silikatischem Material,

b) Braun*lehme,* überwiegend aus Kalkstein, seltener silikatischen Ursprungs.

7.6.1 Mitteleuropäische Braunerden

(Farbtafel untere Reihe, 1. Profil)

Die Mitteleuropäischen Braunerden, zuerst von RAMANN am Anfang dieses Jahrhunderts beschrieben, bilden sich vorwiegend auf der großen Gruppe silikatischer oder silikatisch-quarzitischer fester und lockerer Gesteine jeder Herkunft, wobei $CaCO_3$ entweder völlig fehlt oder in nur wenigen Teilen im Gestein vorhanden ist (z. B. im Geschiebemergel o. ä.). Auf Lockergesteinen mit etwas höherem $CaCO_3$-Gehalt entstehen bei uns als Bodenklimax sehr häufig Böden der Lessivierung [7.7] oder bei sehr hohem $CaCO_3$-Anteil Rendzinen und rendzinoide Typen [8.1.3]. Braunerden sind Typen mit starker Tonmineralbildungstendenz, wobei bevorzugt Illite entstehen [4.4—4.6]. Dies führt zur „Verlehmung" im Unterboden (B_v-Horizont), ohne daß eine wesentliche Tonmineralverlagerung stattfindet (Unterschied zur Lessivierung [7.7]). Diese „Verlehmung" im Unterboden ist aber nur bei einheitlichem anorganischem Ausgangsmaterial festzustellen. Trotz der mehr oder minder sichtbaren „Verlehmung" zeigt die Braunerde, wie auch der Name sagt, im ganzen „erdigen" Charakter, d. h. es sind die bei den genannten Umbildungsprozessen silikatischer, Fe-haltiger Minerale entstandenen freien Eisenoxide überwiegend als Gele in unbeweglicher, flockig-krümeliger bis schorfiger Form vorhanden; die „Erden" sind im Gegensatz zu „Lehmen" leicht zerteilbar, wasserdurchlässig und nur gering plastisch. Im Dünnschliff sind keine Fließstrukturen und keine beweglichen Tonsubstanzen erkennbar. Im Gegensatz zu Podsolen [7.3] findet kein Transport von freien Fe- und Al-Oxiden in den Unterboden statt.

Horizontaufbau der Braunerden

A_h mäßig krümelig, schmutzig graubraun, Humus als Mull 5—6 % im Mittel, stark von Baumwurzeln durchzogen, mäßig sauer, ganz allmählich übergehend in

B_V schwach bis mäßig sauer, braun infolge freigesetztem Fe-Oxidhydrat; oft polyedrisch bei stärkerem Tonmineralgehalt, sonst Kohärentstruktur [6.2]. Allmählicher Übergang in mechanisch zerfallenes Gestein (C-Horizont).

Zusammenfassend kann man die Mitteleuropäischen Braunerden als in vieler Hinsicht *ausgeglichene* Typen bezeichnen: die Horizonte sind diffus begrenzt, die Profile tiefgründig und schwach bis mäßig sauer, i. d. R. ausreichend mit Nährstoffen versorgt, die Huminstoffe gleichmäßig verteilt, allmählich nach unten abnehmend; der Luft- und Wasserhaushalt ist ausgeglichen (kein Luftabschluß, kein Stauwasser, gleichmäßige Feuchte). Es sind ideale Waldböden (so wie die Tschernoseme ideale Steppenböden sind). Sie stehen daher infolge der ihnen eigenen Bildungsprozesse im deutlichen Gegensatz zu Podsolen (ungleichmäßige Humusverteilung, stark sauer), zu Stauwasserböden mit unausgeglichenem Luft- und Wasserhaushalt [8.3], zu Böden mit verdichteten alkalischen Horizonten wie Solonezen [8.7.2], zu rubefizierten oder lateritischen Böden mit starker tiefgründiger Auswaschung und Armut an Sorptionsträgern [7.8] und zu flachgründigen Rendzinen [8.1.3].

Subtypen der Braunerden

Das weite Verbreitungsgebiet der Braunerden (Mittel-, Westeuropa, Südschweden), die lokalen Klimaabwandlungen innerhalb dieser Gebiete, die verschiedenen silikatisch-quarzitischen Gesteine und der Einfluß der Exposition rufen entsprechende Subtypen der Braunerden hervor. Wir finden:

a) auf erdalkali*reichen* silikatischen Gesteinen im allgemeinen Braunerden stärkerer Kationensättigung, z. T. dort auch wegen des stärkeren Auftretens von Tonmineralen und kolloidaler SiO_2 einen Anklang an Braunlehme (s. u.);

b) auf erdalkali*armen* quarzreichen Silikatgesteinen, besonders unter Zwergstrauchvegetation und Nadelhölzern an feucht-kühlen Hängen, oft saurere Braunerden mit Übergängen zu Podsol-Braunerden (pH um 4—4,5). Hier sind, bei oft noch befriedigenden biologischen Zuständen, Al^{3+} vorhanden (durch Austausch aus den anwesenden Tonmineralen); sie flocken infolge der Ionenwirkung die Tonminerale aus, so daß diese, im Gegensatz zu den Sols lessivés, nicht im Profil wandern können. Die Al^{3+} blockieren ferner die Zwischenräume der aufweitbaren Tonminerale. Wir finden also bei den Mitteleuropäischen Braunerden von den schwach zu den stark sauren Subtypen (sog. „Sauren Braunerden")[1] eine Abnahme der Ca^{2+} und Zunahme der Al^{3+} am Sorptionskomplex;

c) in ebenen Lagen mit gehemmtem Abfluß des Niederschlagswassers kann es zu einem Wasserstau im Boden kommen, besonders auf unterlagerndem undurchlässigem Material, das entweder petrographisch oder durch eine stärkere Tonmineralbildung oder -zuschlämmung im Laufe der Braunerdebildung bedingt sein kann. Wir finden dann im Unterboden infolge der Stauwassereinwirkung [8.3] einen graugrünlich-bräunlich gefleckten Horizont (g, neuerdings auch S) und sprechen von stauwasserbeeinflußten Braunerden oder Pseudogley-Braunerden. Dieser Stauwassereinfluß fehlt in Hanglagen, so daß typische, von Stauwasser freie Braunerden sich meist nur in geringen bis mäßigen Hanglagen vorfinden.

7.6.2 Kalksteinbraunlehme (u. ä. Braunlehme aus silikatischem Material)

Die Kalksteinbraunlehme sollen hier und nicht bei den gesteinsbeeinflußten Böden i. e. S. behandelt werden; der Karbonatanteil des unterlagernden Gesteins spielt in der Dynamik des typischen nicht zu flachgründigen Braunlehms, da das $CaCO_3$ längst ausgewaschen ist, keine Rolle mehr, wohl aber der *nicht*karbonatische Anteil, in dem nunmehr die Prozesse der Bodenbildung ablaufen; vgl. aber dazu [8.1.3]. Außerdem gibt es ähnliche Braunlehme unserer Klimagebiete auch aus erdalkalikationenreichen Silikatgesteinen. Auch hier finden sich freie Fe-Oxidhydrate, jedoch in hochpeptisierter Form und nicht ausgeflockt wie bei den Braunerden. Nach KUBIËNA zeigen solche Kalksteinbraunlehme u. a. mitteleuropäische Braunlehme starke Hohlraumarmut, Neigung zur Verschlämmung und zur Bildung kleiner Fe-Oxidkonkretionen. Die Tonsubstanz ist je nach Bildungsbedingungen aus Kaolinit und Halloysit (ein dem

---

[1] „Saure Braunerden" ist ein Pleonasmus, da eine schwach bis mäßig saure Reaktion fast stets zum Wesen der Braunerden gehört. Es sind unter „sauren" Braunerden solche mit *stärker* saurer Reaktion als normal zu verstehen.

Kaolinit verwandtes Tonmineral), Montmorilloniten sowie glimmerartigen Tonmineralen zusammengesetzt. Kieselsäuresol als Schutzkolloid verleiht, sofern dieses in aktiver Form vorhanden ist und peptisierend wirken kann, dem Fe-Oxid seine große Beweglichkeit. Diese Eigenschaft des Fe-Oxids läßt sich in Dünnschliffen und durch andere Untersuchungsmethoden nachweisen.

Die Braunlehme aus Kalkstein sind wegen meist stärkerer Auswaschung, wegen der einseitigen Mineralzusammensetzung und der daraus folgenden Armut an Mineralreserven nährstoffärmer und leichter verschlämmbar als die Braunlehme aus silikat- und kationenreicherem Material. Diese weisen auch größere Anteile an Tonmineralen auf.

7.7 Böden der Lessivierung
(Farbtafel, untere Reihe, 2. Profil v. l.)

Während beim Bildungsprozeß der Braunerden [7.6] eine Tonmineralbildung „in situ" abläuft und höchstens eine geringe mechanische Durchschlämmung der Tonfraktion ($=$ Tonminerale und Teile $< 2\mu$) stattfindet, zeigen die im gleichen Klimagebiet und unter gleicher Vegetation ablaufenden Prozesse der Lessivierung eine kennzeichnende starke Tonverlagerung. Hierbei kommen alle Übergangsformen von der schwächeren Verlagerung in den Para-Braunerden ($=$ Sols bruns lessivés) bis zur starken Verlagerung in den durchschlämmten Para-Braunerden und Fahlerden vor ($=$ eigentliche Sols lessivés). Der klassische Prozeß der Lessivierung verläuft i. d. R. auf a priori $CaCO_3$-haltigem Lockermaterial (Lösse, kalkhaltige Grob- und Dünensande, Mergelsande, Geschiebemergel u. ä.) ab. Nach neueren Arbeiten übertreffen die lessivierten Böden in Gebieten dieser Lockermaterialien die Braunerden [7.6] an Ausdehnung, besonders bei flachem Relief, während die Mitteleuropäischen Braunerden überwiegend auf festen, silikatisch-quarzitischen, $CaCO_3$-freien Gesteinen vorkommen.

Man kann bei der Lessivierung (Abbildung 7.3) folgende Teilvorgänge unterscheiden, die teils nacheinander, teils auch nebeneinander ablaufen können (nach B. Meyer u. a.):

a) Entkarbonatisierung des Ausgangsmaterials (s. o.), Entstehung von Hohlräumen, dadurch oft ein gewisses Zusammenfallen des Oberbodens;

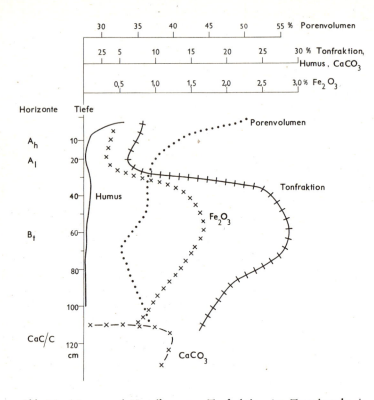

Abb. 7.3 Menge und Verteilung von Tonfraktion (= Tonminerale + andere Teile < 2μ), Humus und freiem Fe_2O_3 in einem Idealprofil des Sol lessivé aus $CaCO_3$-haltigem Material. Porenvolumen am geringsten in dem durch Tonmineralzuwanderung, z. T. Tonmineralneubildung, verdichteten B_t-Horizont. Fe_2O_3-Kurve verläuft parallel der Tonfraktionskurve, der Gehalt an Fe_2O_3 ist etwa um eine Zehnerpotenz geringer (nach Kundler, B. Meyer u. a.).

b) Verbraunung infolge Neuverteilung oder Neubildung freien Fe (III)-Oxidhydrats aus primären Silikaten;

c) Tonmineralneubildung und -umwandlung, meist Glimmertone und Illite;

d) Tonwanderung (Tonminerale + feinverteiltes Fe_2O_3 usw.) infolge peptisierender Wirkung des SiO_2 und organischer Sub-

7.7 Lessivierung, verwandte Bildungsprozesse

stanz (?), Bildung eines B_t-Horizonts, dort auch Wiederausfällung des Fe_2O_3 (ggf. um Calcitpartikel);

e) dadurch Gefügeverdichtung im Unterboden (Erhöhung des Raumgewichts, Verminderung des Porenvolumens).

Im Unterschied zu Podsolierungsprozessen findet hier keine Zerstörung (oder Nichtbildung) der Tonmineralsubstanz statt, sondern eine Wanderung ohne Umformung, wobei neben den Tonmineralen in weit geringerem Grade auch freie Fe-Oxide und andere feindispergierte Teile in den Unterboden verfrachtet werden und einen typischen Tonanreicherungshorizont B_t bilden (Übersicht 6.1 und Abb. 7.3).

Als Ergebnis aller dieser Teilprozesse entsteht folgendes kennzeichnende Profil eines lessivierten Bodens:

A_h dunkelgraubraun, krümelig, humos, ca. 10 cm

A_l fahlfarben-dunkelgelbbraun bis heller grau, schwach bis mäßig sauer und ausgelaugt, je nach Grad der Lessivierung; schluffig, mäßig humos und etwas gekrümelt

B_t deutlich abgesetzt gegen A: tonig-dichter, rötlichbrauner Anreicherungshorizont, Tonfraktion leicht peptisierbar, polyedrische Struktur nach Trocknung, im unteren Teil Reste vom B_v-Horizont

Ca/C sehr scharf abgesetzt gegen B_t : $CaCO_3$-haltiger, heller, bröckeliger Horizont, ohne Ton- und Fe_2O_3-Anreicherung, allmählicher Übergang aus Ca/C in C: (karbonathaltiges Ausgangsgestein).

Übergänge in andere Bodentypen

a) in Podsole bei stärkerer Versauerung; hierbei Rohhumusbildung, intensivere Anreicherung im B_t-Horizont, z. B. unter Nadelholz, Zwergsträuchern im feucht-kühleren Klima;

b) in Pseudogleye bei starker Verdichtung des B_t im flachen oder muldigen Relief. Es erscheint ein S-Horizont im A_l und im oberen B_t mit rotgelben, bzw. grauen Flecken und Fe-Konkretionen;

c) in Mitteleuropäische Braunerden, s. o.

Typen mit verwandten Bildungsprozessen

Hierher gehören Rasenpodsolböden und Graue Waldböden in der UdSSR; Gray-brown podzolic soils in Nordamerika. Nicht immer laufen die als Lessivierung ausgegebenen Prozesse so wie in der hier geschilderten klassischen Form ab. In vielen Fällen findet eine einfache mechanische Abspülung der Tonminerale u. a. Teile der Tonfraktion in den Untergrund statt. So entsteht z. B. bei schweren Böden aus Ton (sog. „Pelosole" [8.1.2]), zuweilen eine Tonverarmung im Oberboden und dadurch eine mögliche Anreicherung im Unterboden (Hinabspülung von Feinteilen durch Trockenspalten oder Wurzelkanäle). Eine genauere Abgrenzung der typischen Prozesse der Lessivierung gegen diese und andere, nur äußerlich ähnliche Vorgänge wäre erforderlich. Neuerdings fand man auch in manchen wechselfeuchten tropischen Böden eine Art Lessivierung.

7.8 Böden der Laterisierung und Rubefizierung
(Farbtafel, obere Reihe, Profil g. r.)

Die Bildung Brauner Waldböden ist, wie oben dargelegt [7.6] u. a. durch Freisetzung von Fe-oxidhydraten gekennzeichnet, wobei teils erdiges Gefüge (wie in Braunerden), teils lehmiges (wie in Braunlehmen) auftritt, denen geflockte bzw. hochpeptisierte Formen entsprechen. Die Anteile an freien Fe-Oxiden sind gegenüber der gesamten Bodenmasse relativ gering. Sehr viel größere Mengen an freien Oxiden (Al, Fe, Si — dieses aus den *Quarz*anteilen der Gesteine) entstehen aber in tropisch feuchten Gebieten; dies ist möglich infolge Überschusses an Wasser und großer Wärmesummen, die während des ganzen oder überwiegenden Teils des Jahres zur Verfügung stehen. Durch völligen Um- und Abbau der primären Silikate verbleiben, nach Auswaschung fast sämtlicher Erdalkali- und Alkalianteile, neue, einfach gebaute Minerale: außer den oben genannten Oxiden nur sehr geringe Reste primärer Minerale und als Tonminerale meist Kaolinit und Halloysit (Abbildung 4.1, Übersicht 7.3). Es entstehen somit Böden, die wegen der Auswaschung der löslichen Kieselsäure aus den *silikatischen* Anteilen, der relativen Anreicherung von Fe_2O_3 und Al_2O_3 und damit auch der ähnlichen chemischen Zusammensetzung wie Laterit als *Latosole* (ferrallitische Böden, Oxisole) bezeichnet werden.

Latosole weisen, außer den oben schon genannten Merkmalen der R_2O_3-Anreicherung, Erdalkali- und Alkaliauswaschung und dem engen SiO_2/R_2O_3-Verhältnis, folgende Eigenschaften auf (BENNEMA u. a.):

a) undeutliche Horizontdifferenzierungen, diffuse Übergänge zwischen den Horizonten;

b) rote — braunrote Farben im Oberboden, oft rot-gelbe im Unterboden;

c) poröse, schwere, bröckelige Bodenmasse, wenig blockige oder prismatische Struktur;

d) geringen Humusgehalt des Oberbodens (ca. 1—3 % im Mittel) über einer tiefgründigen Verwitterungsdecke;

e) hohe Porosität und Permeabilität, deswegen Widerstand gegen Gully-Erosion (= Erosion in schmalen tiefen Gräben und Auskolkungen);

f) niedrige Kationenumtauschkapazität und -sättigung, besonders im Unterboden;

g) wenig umtauschbares Al wegen der niedrigen effektiven Kationenumtauschkapazität der Tonminerale;

h) mäßige bis sehr geringe Fruchtbarkeit.

Diese Latosole kommen außerhalb des Grund- und Stauwasserbereichs in tropischen bis subtropischen, wechselfeuchten bis dauerfeuchten Gebieten in etwa gleichartiger chemischer Zusammensetzung vor. Die verschiedene Durchfeuchtung, nämlich dauer- oder wechselfeucht, bringt aber, worauf KUBIËNA ausdrücklich hinweist, innerhalb dieser roten und braunroten Böden unterschiedliche Prozesse hervor, die sich in der Bildung verschiedener Eisenoxidminerale manifestieren. KUBIËNA ((19) S. 52 f.) unterscheidet deshalb auf der Basis mikromorphologischer Untersuchung:

a) *Böden der Rubefizierung* und

b) *Böden der Laterisierung* (Übersichten 7.2 und 7.3)

zu a) Nach dem o. g. Autor führt der Prozeß der *Rubefizierung* (von neulat. rubinus = rot) als Vorgang echter Bodenbildung zu nicht-lateritischen Böden. Sie entstehen in einem betont wechselfeuchten Klima. Hierbei bilden sich im trockenheißen Teil des Klimas besonders wasserarme Fe-Oxide, so z. B. Hämatit, wodurch starke Rotfärbung auftritt.

zu b) Die *Laterisierung* ist dagegen das Produkt „bodentypischer regionaler Diagenese". Die Entstehung wasserarmer Fe-Oxidminerale geschieht durch *Alterung* und andere Vorgänge der Mineralumwandlung in einem mehr dauerfeuchten Substrat, wobei diese Vor-

Übersicht 7.2 [1]

Bildungsprozesse einiger tropischer und subtropischer Böden mit kennzeichnenden Eisenoxidhydrat-Mineralen

Bodentyp	Braunlehme	vererdete Braunlehme	Rotlehme	Roterden (nicht lateritisch)	Laterite	Panzer- und Schlackenlaterite	Pseudogleye	Stagnogleye
Klima (auch Bodenklima und Wasserhaushalt)	warm, immerfeucht, geringe Temperaturschwankungen	gemäßigt, mit Feuchte- und Temperaturschwankungen (Abkühlung–Wiedererwärmung)	mäßig wechselfeucht, heiß	wechselfeucht, trockener als bei Rotlehmen heiße Trockenzeit	gleichmäßig feucht und heiß	Förderung im wechselfeuchteren Klima	oft staunaß	stark und dauernd staunaß
		Braune Ver-erdung	Rote Ver-erdung					
Prozesse der Bodenbildung u. a. Vorgänge	SiO_2 als Peptisator, Schutzkolloidwirkung	Flockung, Vererdung	*Rubefizierung*, Beginn in oberen Bodenhorizonten	Vererdung	*Laterisierung*, beginnt in tieferen Bodenhorizonten oder alten Sedimenten, diagenetischer Vorgang	nach Austrocknung wasserfreie Mineralbildung	Prozesse durch Wechselfeuchte bedingt	

Kennzeichnende Hydratminerale	vorwiegend amorphes, peptisiertes Fe$_2$O$_3$-Hydrat; leichte Umwandlung zu kristallinem Hydrat. Dichte, hohlraumarme Grundmasse	irreversibel geflocktes, amorphes Fe$_2$O$_3$-Hydrat, locker, hohlraumreich, SiO$_2$-Auswaschung	feinste, i.d. Grundmasse schwebende Kristallite von Goethit (α FeO·OH) und Hämatits der Grundmasse (α Fe$_2$O$_3$) (fortschreitende Hämatisierung)	starke Zunahme von Hämatitkristallen, Zusammenballung d. Grundmasse zu Flocken. Hohlraumreicher	Grobkristalline Aggregatkomplexe von Goethit, Lepidokrokit (γ FeO·OH) u. Hämatit; bei Nässe Maghemit u. Magnetit. Großer Formenreichtum	zunehmend hämatisiert. Kristalle und Kristallaggregate enger aneinander. Verhärtung	Flecken von peptisiertem amorphem Fe$_2$O$_3$-Hydrat und Kristallaggregate (Goethit, Lepidokrokit) in heller, Fe-armer Grundmasse	Maghemit (γ Fe$_2$O$_3$) und Magnetit (Fe$_3$O$_4$)
Bemerkungen	Gefüge ähnlich dem der Mitteleuropäischen Braunerden; Vorkommen auch in tropischen Gebirgslagen						Ausbildung ähnlich wie in gemäßigten Klimaten	

[1] Nach KUBIËNA

7.8 Rubefizierung und Braunerdebildung

Übersicht 7.3 [1]

Verwitterung und Bodenbildung auf Dolerit im humiden Klima (etwa Cf-Klima) in England und im wechselfeuchten Monsunklima (Aw) Indiens. Man erkennt die relativ geringe Umformung in der Zusammensetzung des Bodens gegenüber dem Gestein im Cf-Klima gegenüber der völligen Umformung beim Prozeß der Rubefizierung (relative Anreicherung der R_2O_3, fast völlige Auswaschung der Kieselsäure (SiO_2) und der „Basen").

	humides Klima in England		wechsel*feuchtes* Monsunklima bei Bombay (Indien)	
	frisches Gestein	Braunerdebildung	frisches Gestein	Rubefizierung (neben Laterisierung)
SiO_2	49.3	47.0	50.4	0.7
Al_2O_3	17.4	18.5	22.2	50.5
Fe_2O_3	2.7	14.6	9.9	23.4
FeO	8.3	—	3.6	—
MgO	4.7	5.2	1.5	—
CaO	8.7	1.5	8.4	—
Na_2O	4.0	0.3	0.9	—
P_2O_5	0.2	0.7	—	—
H_2O	2.9	7.2	0.9	25.0

gänge weniger im Oberboden, sondern mehr im Unterboden und in tieferen Sedimentschichten ablaufen. Typische lateritische Bildungen entstehen daher, nach Darlegungen von KUBIËNA, die allerdings nicht immer unwidersprochen geblieben sind, am leichtesten in tropischen Regenwaldgebieten, weniger vollkommen in Savannen; hier geht aber die Austrocknung und Verhärtung einmal gebildeter und durch Erosion freigelegter Horizonte rascher und tiefgreifender vor sich.

KUBIËNA führt aus, daß sich harte und weiche Laterite und lateritische Erden im Gesamtchemismus in keiner Weise von den Böden der Rubefizierung unterscheiden. Eine Unterscheidung sei aber aus Gründen

---
[1] Nach F. SCHEFFER, Agrikulturchemie, Teil a) Boden, S. 94, Stuttgart 1944, etwas geändert

der Pedogenese, der bodengeographischen Belange und anderer Ursachen erforderlich. Diese Differenzierung sei auf mikroskopischem Wege und mit Hilfe des Studiums der Gefügemerkmale, die bei der Laterisierung weitgehender und mannigfaltiger als bei der Rubefizierung ausgeprägt seien, durchaus möglich, während das SiO_2/R_2O_3-Verhältnis *allein* kein sicherer Maßstab für den Grad der Laterisierung abgäbe.

In Übersicht 7.2 ist nach Angaben Kubiënas (18, S. 205) eine Zusammenstellung der Beziehungen zwischen tropischen Bodenbildungen hauptsächlich auf Grund der entstehenden Fe-Oxidminerale erfolgt, wobei auch Stellung und Eigenarten der Braunlehme, Rotlehme und anderer Böden innerhalb der tropischen Bodenfamilien nach den Ansichten dieses Autors dargelegt sind.

In der Farbtafel (obere Reihe der Profile, ganz rechts) ist ein „Lateritischer Boden" (nach Vagelerscher Bezeichnung) wiedergegeben, der, seinem Vorkommen in wechselfeuchten Savannengebieten gemäß, nach Kubiëna richtiger als „rubefizierter Boden" bezeichnet werden müßte. Die auffallend rote Farbe des Oberbodens, die roten, weißen und gelben Flecken der „Fleckenzone" und die tiefgründige Gesteinsverwitterung sind deutlich erkennbar.

KAPITEL 8

Wichtige, vorwiegend intrazonale Bodenbildungsprozesse und Bodentypen

(Bodenbildungen unter besonderen Umwelteinflüssen)

Innerhalb der Gebiete vorwiegend klimagesteuerter Bodenbildungsprozesse trifft man häufig andersartig verlaufende; diese sind durch bestimmte klimatische *und* außerklimatische Umwelteinflüsse gekennzeichnet; sie treten i. d. R. nur begrenzt auf. In [7] sind diese sog. „intrazonalen" Prozesse, die also an besondere geographische Situationen gebunden sind, bereits erläutert worden. Diese Besonderheiten können mehrere Ursachen haben, von denen hier zwei wichtige genannt seien: die Wirkung besonderer *Gesteinsarten* und *zusätzlichen Wassers* (= Zuschußwasser) als Grundwasser und als Stauwasser; letztgenanntes kann entweder dauernd oder nur periodisch vorhanden sein.

8.1 Der Einfluß einseitig zusammengesetzter Gesteinsarten

Ohne anorganisches Ausgangsmaterial (feste oder lose Gesteine) ist kein Boden denkbar, wenn wir von Moorböden aus *organischem* Material (Torfen) absehen. Auf dem weitaus größeren Teil der festen Erdoberfläche sind *viel*seitig zusammengesetzte Gesteine — quarzitisch-silikatische und rein silikatische mit verschiedenen Anteilen an Ca, Mg, K, Na, Al, Fe, Mn, Si, usw., z. T. mit wenigen Anteilen an $CaCO_3$ wie bei Lössen, Mergeln u. ä. — bodenbildend wirksam. Auf ihnen entsteht die große Mehrheit der überwiegend zonalen Böden.

Bei Betrachtung der besonderen bodenbildenden Einflüsse *einseitig* zusammengesetzter Gesteine, die in geringerer Verbreitung als die vielseitiger zusammengesetzten vorkommen, kann man aber unterscheiden (s. dazu auch [5.3] und Übersicht 5.1):

a) solches Gestein als Ausgangsmaterial, das weder in den Untergrund verschlämmbar noch in irgendeiner Form merklich löslich ist: Quarzsande und -sandsteine;

b) Materialien, die zwar nicht wasserlöslich, aber leicht verschlämmbar sind, wie z. B. die Tonminerale der Tongesteine unter bestimmten Voraussetzungen. Tone in humiden oder wechselfeuchten Klimaten können ggf. leicht in den Untergrund gewaschen oder durch stärkere Milieuversauerung zersetzt werden [8.1.2];

c) Materialien wie Kalksteine, die in CO_2-haltigem Wasser, besonders im Schneeschmelzwasser, allmählich gelöst und als $Ca(HCO_3)_2$ in den Untergrund gewaschen werden, womit sie aus dem Bereich der Bodenbildung ganz oder größtenteils verschwinden. Die Bodenbildung verläuft dann auf den nicht karbonatischen Resten der Gesteine weiter [7.6.2].

Die entstehenden Böden werden also, stets oder nur vorübergehend, in irgendeiner Form durch die Eigenschaften des *Ausgangsgesteins* gekennzeichnet sein. Hierzu einige Beispiele mit ergänzenden Angaben zu Übersicht 5.1:

8.1.1 Böden der Humuspodsolierung

Auf fast rein quarzitischem Ausgangsmaterial unserer humiden Gebiete findet besonders unter Nadelwald und Zwergsträuchern infolge der fast völligen Fe-Freiheit eine besondere Art von Podsolierung statt, bei der praktisch nur Huminstoff-Vorstufen, wie relativ niedermolekulare organische Säuren, Fulvosäuren u. ä. in den Bodenuntergrund wandern; es bilden sich, im Gegensatz zum „normalen" Podsolprozeß aus Fe-haltigen Gesteinen [7.3] kaum Fe-, Al- usw. -Chelate. Der B-Horizont ist daher nur durch gefällte Humuskolloide gefärbt und rein grauschwarz, fast ohne braune Fe-Tönung. Das quarzitische Material beteiligt sich chemisch nicht am Prozeß der Podsolierung.

8.1.2 Böden der Pelosolbildung (griech. „pelos" = Schlamm, Ton)

Sie bilden sich auf Tongesteinen (z. B. Letten des Jura, Keupers usw.), wie bereits an einem Vergleich in [5.3] kurz beschrieben. Schwere Tone und Letten bestimmen auch dann weitgehend den Charakter des Bodens, wenn sie nicht zu 100 % aus Tonmineralen bestehen, sondern noch etwa 10—30 % Feinsande u. ä. enthalten.

Trotzdem kann man in solchen Fällen noch von „einseitiger" Mineralzusammensetzung sprechen, weil diese Nicht-Tonmineralanteile wegen ihrer geringen Reaktionsfähigkeit (im Vergleich zu den Tonmineralen) die Dynamik solcher Böden kaum abschwächen. Dagegen können je nach *sonstigen* Umwelteinflüssen gewisse Lockerungen und andere Veränderungen des kittig-schweren Materials eintreten (z. B. durch Wurzelkanäle der Vegetation, die eine Luftzufuhr bewirken können, durch starke Hydratisierung der Tonminerale usw.). Wenn auch der „Toncharakter" des Bodens zumeist bestehen bleibt, so können doch je nach Wirkung der o. g. Umwelteinflüsse merklich verschiedenartige Böden entstehen. Bilden sich Kanäle abgestorbener Wurzeln oder starke Schwundrisse nach Austrocknung des Bodens, so können vermutlich längs dieser Hohlräume Tonabschlämmungen in den Untergrund eintreten, wodurch die Oberkrume „leichter" und der Untergrund „schwerer" wird. Ein besonders schwerdurchlässiger Unterboden erzeugt oft Böden von Pseudogleycharakter [8.4]. Es ist zu überlegen, wie weit man angesichts der großen Verschiedenheit der Dynamik der auf Tonen entstehenden Böden an einem besonderen Typ „Pelosol" festhalten soll.

8.1.3 Böden der Rendzinierung

(Farbtafel, untere Reihe, Profil g. r.)

Typische Rendzinen entstehen aus hochprozentigen, harten Kalksteinen fast ohne Fremdmaterial als flachgründige, dunkelgraue, sehr humose, bröckelige bis krümelige Böden, deren Horizont A_h unmittelbar ohne braunen Zwischenhorizont auf Kalktrümmern liegt. Der Horizont A_h ist von zahlreichen Wurzeln durchzogen, er enthält viel N-reiche Huminsäuren mit engem Verhältnis C:N. Der größere Teil des $CaCO_3$ aus dem A_h-Horizont ist nach Auswaschung in unserem heimischen humiden Klima als Umkrustung auf dem unter dem A_h gelegenen Kalkschotter wieder ausgefällt.

Subtypen: „Rendzinoide" Böden entstehen im heimischen Klima auf Grund stärkerer $CaCO_3$-Auswaschung, z. B. in Hochlagen unter Schnee oder auf kühl-feuchteren Nordhängen. Hierbei kann infolge Anreicherung von freien Fe-oxidhydraten aus den nichtkarbonatischen Restteilen des Kalksteins eine Verlehmung und

8.1.3 Rendzinierung — verschiedene Kalkböden

Braunfärbung (B-Horizontbildung) eintreten, s. aber dazu [6.3]. Eine noch tiefere Entkarbonatisierung führt zu Braunlehmen aus Kalkstein [7.6.2]; hier ist im allgemeinen der Kalkstein nicht mehr an der Bodenbildung beteiligt, so daß wir diesen Bodentyp nicht hier bei „Kalkböden", sondern bei den Braunen Waldböden besprochen haben. Es kann also eine Entwicklungsreihe mit zunehmender Entkarbonatisierung: Kalkrohboden — Rendzina — verlehmte Rendzina — Kalksteinbraunlehm möglich sein.

In manchen, sehr kühlfeuchten Standorten der Randalpen beobachtet man dagegen andere Entwicklungsreihen: auf Kalken und Dolomiten ($(Ca, Mg) CO_3$) findet man unter Nadel- und Mischwald dicke, sehr humose, *saure* Decken, die an Alpenhumus erinnern [7.3], ähnlich wie auf Abb. 5.1. Diese Böden haben sich ebenfalls aus der Kalkdynamik gelöst; sie liegen *ohne* Braunlehmbildung auf den Kalktrümmern.

Wir haben also in perhumiden, kühlen Gebieten je nach sonstigen Umwelteinflüssen mehrere Prozesse entkarbonatisierender Bodenbildung auf Kalken und Dolomiten zu unterscheiden. Hierbei ist stets — ungestörte Entwicklung vorausgesetzt — die Tendenz der Loslösung der Prozesse der Bodenbildung vom Ausgangsmaterial erkennbar, da die Karbonate infolge Auswaschung allmählich gelöst und in den Untergrund gewaschen werden bzw. durch mächtige saure Humusdecken, die an Ca und Mg arm geworden sind, ihre spezifische bodenbildende Wirkung verloren haben.

Ein geringerer Kalkgehalt des Ausgangsmaterials (unter 50 % $CaCO_3$) führt im Cf-Klima zuerst zu humusarmen Karbonatböden, sog. „Pararendzinen", so z. B. bei Böden aus sehr $CaCO_3$-reichen Lössen, Mergeln, Kiesen u. ä.; in der Regel kann, ein ausreichend humides Klima vorausgesetzt, als Klimax ein Sol lessivé entstehen [7.7].

In trockneren Klimaten entstehen aus Kalkstein Böden ohne Karbonatauswaschung (von manchen Autoren „Xerorendzinen" genannt): im BS-Klima warmer Gebiete finden sich humusarme leichte graue Böden; im Cs-Klima des Mittelmeeres unter bestimmten Voraussetzungen Terre rosse. Kalkkrusten, die auf Grund von Teilhydrolyse karbonatfreier, silikatischer Ca-haltiger Gesteine in sehr trocknen Klimaten entstehen, führen zu „Kalkböden", ohne daß also Kalkstein anwesend zu sein braucht [4.2]. Die Familie der Böden aus Kalk zeigt also besonders deutlich, daß „intrazonale" Böden i. d. R. auch an bestimmte Klimazonen gebunden sind, und daß z. B. zur Entstehung kalkhaltiger Böden nicht immer Kalkgesteine vorhanden sein müssen.

8.2 Einfluß fließenden Grundwassers

Der Einfluß des Grundwassers als *Zuschuß*wasser, das also neben dem klimatisch vorhandenen noch zusätzlich zur Verfügung steht, ist in seiner allgemeinen Wirkung bereits in [3.3] genannt. Hier interessiert nur dasjenige Grundwasser, das in Nähe der Erdoberfläche bodenbildend wirksam wird. Zu dieser bodenbildenden Wirkung gehören: teilweise Ausfüllung des Porenraums, dadurch ggf. Luftmangel in langsam fließendem Wasser; seitliche und senkrechte Verfrachtung gelöster Stoffe und ggf. Ausfällung dieser Stoffe in den grundwasserbeeinflußten G-Horizont. Zu der Wirkung fließenden Zuschußwassers gehört auch die *Überflutung* des Bodens mit Ablagerung von feineren oder gröberen Sedimenten auf der Oberfläche oder umgekehrt ein Fortreißen der oberen Bodenhorizonte durch sehr schnell strömendes Wasser. Zur Ergänzung der Übersicht 8.1 mögen folgende Angaben dienen:

8.2.1 Auenbodenbildungen

Die Auenböden in großen Stromtälern weisen im Urzustand eine Materialschichtung auf, die durch gelegentliche Sedimentationen (s. o.) bedingt ist. Infolge des geringen Alters dieser Sedimentationen ist ihr Gehalt an Humus und sonstigen Neubildungen im Boden nur gering. Im Unterboden findet man infolge des Eindringens von Luft (besonders nach jahreszeitlichem Fallen des Grundwassers) teils horizontal verlaufende rostfarbene Streifen, Flecken oder flächenhafte Färbungen. Das Material der Auenböden wechselt mit dem Einzugsgebiet der Flüsse: neben silikatisch-quarzitischen Lockermassen findet man auch kalkhaltige Sande und Schotter, wodurch rendzinaähnliche Auenböden entstehen können. Deichbau, Grundwasserabsenkung und in dessen Gefolge Aussetzen der Überflutungen führt zur Auflösung der Schichtung durch sekundäre Bodenbildungsprozesse, die je nach Materialart und Klima verschieden verlaufen können (Homogenisierung).

Genetisch verwandt mit Auenböden sind die *Wattenböden* der Meeresküsten und Flußmündungen kühl-humider Gebiete. In ihrem Bereich wechselt täglich zweimal Überflutung mit See- bzw. Brackwasser und Süßwasser und Wasserablauf. Im Seewasserbereich sind überwiegend Na^+ neben Mg^{2+} wirksam, im Brackwasser weniger Na^+, etwas mehr Mg^{2+} und Ca^{2+}. Im Flußwasserbereich herrscht Ca^{2+} stark vor. Nach Eindeichung, Niveauerhöhung und damit Aufhören der Meerwassereinwirkung entstehen *Marschböden;* in diesen laufen nunmehr andersartige Eintauschprozesse von Kationen ab: Im früheren Meerwasserbereich beginnt ein Eintausch von Ca^{2+} aus Kalkschalen tierischer Reste unter Verdrängung von Na^+ und Mg^{2+}. Im Brackwasserbereich findet dagegen ein starker Eintausch von Na^+ und besonders Mg^{2+} statt, wobei örtlich solonezähnliche Böden mit verdichtetem B-Horizont (Übers. 6.1) und ggf. Stauwasser entstehen können. Im Flußwasserbereich bleibt Ca^{2+} überwiegend.

8.2.2 Gleybildungen

(Farbtafel, untere Reihe, 3. Profil v. l.)

Die Gleybildungsprozesse sind an hochstehendes, wenig schwankendes und nur gering fließendes, luftärmeres Grundwasser und die dadurch bedingte höhere Durchfeuchtung gebunden. Unter dem dunkelgrauen, stärker humosen A-Horizont folgt i. d. R. ein rostfleckiger, dunkelgraublauer G_o-Horizont mit gelegentlichem Luftzutritt, der auf einem wasserdurchtränkten dunkelgrauen-grünblauen G_r-Horizont ohne Luftzutritt liegt. Dieses anaerobe Milieu wirkt reduzierend; es entstehen Fe(II)-Verbindungen wie $Fe(HCO_3)_2$, FeS u. a. Nach Luftzutritt, z. B. beim Fallen des Grundwassers, oxydieren sich diese Verbindungen unter Ausscheiden von unlöslichen rötlichgelben Fe-Oxidhydraten. $CaCO_3$-haltige Gleye (bei Wasser aus kalkhaltigen Ablagerungen) zeigen entsprechend neutrale Reaktion und Mullzustand, während in saurer Umgebung auch entsprechend kationenarme Gleye mit Rohhumus und allen Übergangsformen zum Gleypodsol [8.4] vorkommen können.

8.2.3 Grundwassereinflüsse in ariden Gebieten

Hierzu gehören zumeist Böden an Fremdflüssen, d. h. solcher Flüsse, die, aus einem humideren Gebiet kommend, das Trockengebiet durchfließen und in ihm infolge Verdunstung beträchtliche Wasserverluste erleiden oder ganz versiegen. Diese Verdunstung bringt es mit sich, daß

Salzausscheidungen in Streifen und kleinen Flächen längs der Flußbetten auftauchen können (örtliche Solontschakbildungen [8.7.1]). Das nächste Hochwasser des Flusses als Folge einer Regenzeit löst diese Salze i. d. R. wieder auf. Diese auenähnlichen Böden an solchen Fremdflüssen ermöglichen oft mit Hilfe von Bewässerung Intensivkulturen von Nutzpflanzen (wie z. B. in Ägypten, Mesopotamien, im Gebiet des Indus usw.) in einer wüstenhaften Umwelt.

8.3 Allgemeiner Einfluß von stagnierendem Wasser und Wechselfeuchte

Stau- oder stagnierendes Wasser in Böden (s. a. [3.3]) beruht vielfach auf der Wasserundurchlässigkeit von Horizonten im Unterboden oder von undurchlässigen Schichten unterhalb des Bodenraums, z. B. von Tonbändern, kaolinitischen Verwitterungsresten, Bodeneis in Kaltgebieten. Zuweilen können abflußlose Vertiefungen mit stagnierendem Wasser auch bis zum Grundwasser reichen und die Bildung von Moorböden veranlassen (z. B. der „Sölle" im norddeutschen Diluvium). Die genannten undurchlässigen Horizonte und Schichten bilden den Staukörper; auf diesem liegt die Stauzone (S-Horizont), in dem sich das Stauwasser sammelt. Die allgemeinen äußeren Bedingungen für Bodenbildungen mit Stauwasser wie Klima, Reliefform und landschaftliche Eigenart sind in Übersicht 8.2 zusammengefaßt. Je nach der Höhe des Staukörpers und der Stauzone, nach Art der Geländeform (größere oder kleine abflußlose Mulde; Ebene mit gehemmtem Wasserabfluß) und Klima (nach Jahresdurchschnitt und Ablauf der Temperatur, Niederschlagshöhe und -verteilung) entstehen besondere Formen des Stauwassers nach Menge und Dauer der Stauwassereinwirkung. Die Einwirkung des Stauwassers reicht von dauerfeucht (Moorböden mit großem Wasservorrat) über mäßig wechselfeucht bis extrem wechselfeucht (Pseudogleye mit geringem Wasservorrat infolge hoch im Profil sitzender Staukörper). Daneben können wir bei gering und nur episodisch befeuchteten Geländeteilen von einer Wechsel*trocknis* sprechen.

Starke Wechselfeuchte ist aber nicht nur die Folge von geringem Wasservorrat, sondern auch von geringer oder nur jahreszeitlich fallender Regenmenge, so besonders im wechselfeuchten und heißen Aw-Klima der Außentropen. Hier wirkt sich die bereits in [6.4] behandelte orographische Situation aus: mit abnehmender Niederschlagsmenge in wechselfeuchten Gebieten verlagern sich die intensiveren Bodenbildungsprozesse mehr und mehr in die abflußlosen Senken, wo nach periodischen Regen eine größere Wassermenge zur Verfügung steht, während die anliegenden höheren Geländeteile trocken bleiben. In diesen abflußlosen Senken, die in der Regenzeit überfeucht sind und unter Wasser stehen, trocknet der Boden nach Aufhören der Regenfälle meist völlig aus, so daß hier der *Wechsel* im Wasserhaushalt extreme Formen annimmt, was für den Ablauf bestimmter bodenbildender Prozesse (z. B. Versalzung und Verkalkung der Umgebung u. a.) besonders wichtig sein kann.

Auch zonale Böden, wie z. B. die Mitteleuropäischen Braunerden, zeigen geringe bis mäßige Wechselfeuchte wegen des starken Wasserverbrauchs der Vegetation und der höheren Verdunstung in der wärmeren Jahreszeit. Bei den hier unter [8.3] genannten Bodentypen ist jedoch die Wechselfeuchte noch erheblich größer und der Wasserhaushalt entsprechend viel unausgeglichener.

In Übersicht 8.3 sind die Prozesse, die auf Grund des Auftretens von Stauwasser, Dauerfeuchte und Wechselfeuchte ablaufen und zu sehr verschiedenen Böden führen können, zusammengestellt. Diese Übersicht beweist noch einmal die entscheidende Bedeutung der Umweltfaktoren Klima und Relief für die Bodenbildung im weltweiten Raum:

8.4 Bodenbildungen mit Stauwasser in gemäßigten Klimaten

Gleypodsole bilden sich oft am Rand von Mulden mit etwas größerem Wasservorrat und geringer Wechselfeuchte. Der Muldenkern ist von *Moorböden* (meist Hochmoor- und Waldmoorböden je nach ökologischen Gegebenheiten der Standorte) erfüllt. Gleypodsole zeigen ähnlich starke und saure Rohhumusdecken wie typische Podsole; (s. a. Abb. 11.2, Punkt 2 und 3).

Pseudogleye findet man vielfach auf verlehmten und daher verdichteten Lößresten o. ä. Substraten in ebener Lage. Wegen der hochsitzenden Staunässe ist der Pseudogley in der kühl-feuchten Jahreszeit übernäßt (oft steht Wasser auf der Bodenoberfläche!) und trocknet in der wärmeren und trockeneren Jahreszeit wegen des

Übersicht 8.1
Beispiele für intrazonale Bodenbildungsprozesse unter Wirkung fließenden Wassers

Art und Dauer der Wirkung fließenden Wassers	vorherrschende Bodenbildungsprozesse
ständig wirkend, wenn auch verschieden stark, je nach wechselnder Tiefe des meist schneller fließenden luftreicheren Wassers im Cf-Klima	*Auebodenbildungen,* meist in Tälern großer Ströme (Rhein, Weser, Oder usw.)
ständig wirkend, höherer durchschnittlicher Stand, oft nur recht langsam fließendes luftarmes Wasser (Cf-Klima)	*Gleyprozesse:* Gleye, Moorgleye, genetisch verwandt mit „Wiesenprozessen" [8.5]
periodisch wirkend in B-Klimaten	Auenböden an Flüssen in Trockengebieten, örtlich Solontschakierung, oft nur vorübergehend

geringen Wasservorrats, der Verdunstung und des Wasserverbrauchs der Vegetation sehr stark aus. Der in der feuchten Jahreszeit schmierige Boden wird dann steinhart, wodurch Waldbäume und Kulturpflanzen in ihrem Wachstum sehr behindert werden. Typisch für Pseudogleye sind dunkelbraune stecknadelkopf- bis erbsengroße Konkretionen von Fe-Oxidhydraten in der Stauzone sowie vertikal verlaufende Oxydations- und Reduktionszonen im Staukörper. Bei höherem Wasservorrat (tieferer Staukörper, längere nasse Phase als bei Pseudogleyen) entstehen *Stagnogleye* als Übergangsformen zu Gleypodsolen bzw. zu Moorböden. Stagnogleye zeigen stärkere Humusdecke, fast fehlende Konkretionen sowie stark ausgeprägte Oxydations- und Reduktionszonen.

8.5 Bodenbildungen mit Stauwasser in Steppenklimaten

Die Bildung von Wiesenböden (der „Wiesenprozeß") in Gebieten der Tschernoseme [7.4] ähnelt unseren Gleybildungsprozessen, zeigt aber wegen des oft undurchlässigeren Untergrunds mehr den

Übersicht 8.2
Bildungsbedingungen für Böden mit Stauwasser

Umweltfaktoren	Kennzeichnende Bedingungen
Klima	niederschlagsreich, besonders wenn kühl (Df nach KÖPPEN), dadurch geringe Verdunstung und stärkere Wasseransammlung im Boden
Relief	Mulden oder ebene Lagen mit gehemmtem Wasserabfluß
Landschaftliche Eigenart	Verebnungsflächen, „germanotype" Gebirgsbildung mit waagerechter Gesteinsschichtung; weite ebene Gebiete mancher Großräume (z. B. in Nordamerika, Osteuropa, Westasien)

Übersicht 8.3
Beispiele für intrazonale Bodenbildungsprozesse unter dem Einfluß von Stauwasser; z. T. Bildung wechselfeuchter Böden

Relief und Klima	Stauwasser und Wechselfeuchte	Vorherrschende Bodenbildungsprozesse
a) Mulden; Cf- und Df-Klimate	überwiegend dauerfeucht, weil große Stauwasserreserve in den Mulden	Moorbodenbildung, Gleypodsolierung
b) ebene Lagen mit gehemmtem Abfluß; Klima wie bei a)	stark wechselfeucht, weil geringe Stauwasserreserve wegen *hoch*sitzender Staunässe; starker Wasserverbrauch durch Vegetation in der warmen Jahreszeit	Pseudogleybildung

8.5 Bildungsbedingungen für Stauwasserböden

Relief und Klima	Stauwasser und Wechselfeuchte	Vorherrschende Bodenbildungsprozesse
c) weite ebene Lagen, etwas trockenere Klimate als a), kontinentaler	geringer wechselfeucht, weil größere Stauwasserreserve wegen tiefer sitzender Staunässe	Planosolbildung (im Randgebiet der Prärieböden, USA)
d) meist flachere große Mulden; Steppenklimate (Dw u. wärmer)	mäßig wechselfeucht, weil wasserverbrauchende sommerliche Erwärmung und Vegetation	„Wiesenprozesse", z. T. Solonezierung; in relativ feuchtkühleren Teilen auch Solodierung
e) flache Mulden, Talzüge, Ebenen; Savannenklimate der Außentropen (Aw)	stark wechselfeucht, weil scharf getrennte Regen- und Trockenzeiten (Niederschläge periodisch)	Tirsifizierung
f) Mulden, Ränder von Senken und Schuttfächern; BS-Klima	stark wechsel*trocken*, weil nur geringe Niederschläge in der Regenzeit mit folgender sehr starker Austrocknung	Solontschakierung
g) Relief wie f); BS-BW-Klima	fast stets trocken, Niederschläge i. d. R. sehr gering und episodisch, vorübergehende, sehr schwache Befeuchtung	Takyrierung
h) weite Ebenen der nördlichsten Gebiete der Nordkontinente; E-Klima	wechselfeucht, weil sommerliche kurze Auftauperiode; Stauwasser auf undurchlässiger Dauerfrostschicht im Untergrund. Sonst Oberboden „kältetrocken"	Tundragleyprozesse, Übergang in zonale Böden nach [7.2]

Charakter von Stauwasserbildungen. Die Profile ähneln daher äußerlich denen der Gleye; nach NEMETH u. a. ist der A-Horizont etwa 60—120 cm stark, dunkelgrau bis blauschwarz, krümelig bis polyedrisch im oberen Teil; im unteren Teil schwächer humos, oft rostfleckig, tonig. Der nach unten folgende G_o ist rostfleckig, verschieden in seiner Stärke je nach Schwankung des Grundwassers. Der darunterliegende G_r zeigt anaerobes Milieu mit löslichen Fe-Verbindungen, hier oft starker Gehalt an Mg am Sorptionskomplex (SK), was zur Verdichtung beiträgt. Örtlich ist der Wiesenboden oft $CaCO_3$-haltig.

An *Subtypen* sind u. a. Wiesentschernoseme zu nennen. Sie sind aus ursprünglichen Wiesenböden nach Grundwasserabsenkung entstanden. Der Wiesenprozeß wurde dann durch eine Tschernosemierung abgelöst, wobei aber einige Merkmale des primären Bodens erhalten blieben. — Man findet als weitere Subtypen auch noch Wiesenböden mit versalztem Untergrund.

Genetisch verwandt mit Wiesenböden sind die *Planosole* in den USA, die innerhalb der großen Ebenen im Bereich der Prärieböden (Bruniseme) vorkommen. Sie zeigen tiefsitzende, daher nachhaltige Staunässe, die sich wesentlich günstiger für den Anbau von Kulturpflanzen auswirkt als z. B. die sehr flachsitzende Nässe unserer Pseudogleye [8.4]. Im tieferen Untergrund dieser Böden findet man zuweilen solonezartige, dichte Horizonte.

8.6 Böden der Tirsifizierung in subtropischen Savannenlandschaften

Sehr typisch für Savannengebiete sind dunkelgraue, im feuchten Zustand fast schwarze Böden, die dort in Senken, Tälern und an Unterhängen vorkommen. Ihre scharfe Abgrenzung gegen die hellerbraunroten Böden und Roterden der Savannen ist sehr auffallend. KUBIËNA (19, S. 55 f.) hat für diese Böden die Bezeichnung „Tirse" (nach einem volkstümlichen Namen für genetisch sehr ähnliche Böden in Südspanien und Marokko) vorgeschlagen. Diese Böden tragen stark wechselfeuchten Charakter, da ihre Standorte in niedrig gelegenen Geländeteilen während der Regenzeit unter Wasser stehen (oder wenigstens sehr stark durchfeuchtet sind) und im trocknen Teil des Jahres ihre gesamte Feuchte einbüßen. Der Untergrund ist undurchlässig, zumeist infolge von Einschlämmung hochdispergierter Na-Tonminerale und Na-Humate, die in der Regenzeit aufquellen und in der Trockenzeit unter Bildung tiefer Risse (s. dazu auch Abbildung 6.1, d) eintrocknen. Die »Schwere« des Bodens wird gemildert, wenn ein größerer Anteil an Ca im SK vorhanden ist. Oft sind die Böden auch in einigen Horizonten $CaCO_3$-haltig. Kennzeichnend ist außer dem charakteristischen Wasserhaushalt und dem Humuszustand (etwa 2—3 % Humus) die Aufhellung der Farbe ins Hellgraue bei Trocknis und die Abwesenheit brauner Farbtöne im Boden. Die Merkmale von Gleyen und Pseudogleyen, wie sie in humiden Gebieten Mitteleuropas vorkommen, sind in den Tirsen z. T. noch vorzufinden.

Zu den Böden der Tirsifizierung (neuerdings auch als „Vertisole" bezeichnet) gehören außer den genannten noch die *Grumusole* (Vereinigte Staaten), die *Regure* (Indien), *Vleyböden* (Südafrika) und *Gray Soils of heavy texture* (Australien).

In feuchteren tropischen Gebieten werden die Tirse von Anmoor- und Moorböden abgelöst, in trockneren Gebieten von den bodenartigen Takyren [9.2].

8.7 Böden der Solontschakierung, Solonezierung und Solodierung in ariden und semihumiden Klimaten[1]

Die Dynamik der drei genannten Prozesse ist durch Natrium bestimmt, wenn auch in ganz verschiedener Weise und unter verschiedenen Klimaten. Teils sind es freie Na-Salze, wie NaCl oder Na_2SO_4 (Solontschake), teils der hohe Na-Gehalt am Kationenanteil des SK (Soloneze) oder der Zerfall der Na-Tonminerale und Huminstoffe (Solode), die die in den Böden ablaufenden Prozesse steuern. Gemeinsam ist die Wirkung von Zuschußwasser in verschiedenen Formen (echtes Grund- und Stauwasser oder zusammenströmendes Wasser in Senken und Tälern) bzw. auch die Absenkung des Wassers, die zu den genannten Prozessen führen. Im folgenden sollen zunächst Eigenschaften und Bildungsprozesse der Böden kurz umrissen werden.

---

[1] Siehe hierzu: JANITZKI, P., Salz- und Alkaliböden und Wege zu ihrer Verbesserung. Giessen 1957

8.7.1 Böden der Solontschakierung

Als Solontschake bezeichnet man Böden mit freien Na-Salzen im A-Horizont und auf der Bodenoberfläche, i. d. R. Na_2SO_4 und NaCl. Die Salze steigen mit dem aufwärtsgerichteten Bodenwasserstrom arider Gebiete, zumeist aus dem *Grundwasser*, in die Oberkrume und reichern sich infolge Verdunstung des Wassers und fehlender Auswaschung dort an. So kommt es auch bei salz*armem* Wasser zu einer deutlichen Solontschakbildung; es sind also keine „Salzlager" für die Bodenversalzung erforderlich. Eine weitere Möglichkeit der Solontschakierung besteht in der Verdunstung zusammengeströmten, ebenfalls nur sehr schwach salzhaltigen Wassers in Mulden nach den ersten Starkregen bei Beginn der Regenzeit. Die geringen Salzmengen entstammen den Halbwüsten- und ähnlichen Böden der Umgebung. Auch hier reichern sich die Salzmengen mit Verdunstung des Wassers nach und nach stark an (Abbildung 8.1). Daß sie i. d. R. nicht über eine gewisse Anreicherung hinauswachsen, ist *möglicherweise* auf eine Art Salzkreislauf zurückzuführen: Die Salzkrusten werden in diesen, infolge Salzanreicherung vegetationsarmen oder -freien, Flächen von Wildtieren oder weidendem Vieh zertreten,

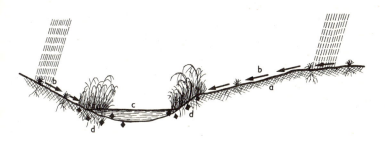

Abb. 8.1 Solontschakierung in Gebieten der Serosemierung,
a) nur schwach salzhaltige Böden der Serosemierung auf höheren Geländeteilen außerhalb der Senken
b) oberflächlich ablaufendes Niederschlagswasser, spärliche Vegetation
c) Wasseransammlung in Senken, Trockenflüssen u. ä.; hier vorübergehend stärkere Durchfeuchtung, kurzfristige „Wiesenbodenphase", Sedimentation von Na-haltigem Schlamm, stärkere Vegetation
d) nach Verdunstung des Wassers Salzausscheidungen, Solontschakbildung, Vegetation weitgehend absterbend
(nach GANSSEN, Bild der Wissenschaft, Heft 5, 372 (1965).

8.7.1 Solontschake — Soloneze — Solode

Übersicht 8.4 [1]

Mögliche genetische Zusammenhänge zwischen Solontschakierung, Solonezierung und Solodierung

1. *Primäre* | Solonezierung = Solonzierung | durch *biologische* Prozesse:

ohne Stadium der Solontschakierung

Na_2SO_4 (i. Bod.) + org. Substanz (aus Pflanzenresten)

$\rightarrow Na_2S + H_2CO_3$ (Reduktionsprozeß)

$Na_2S + H_2CO_3 \rightarrow H_2S + Na_2CO_3$

Eintritt der Na^+ in den Sorptionskomplex (SK) infolge Sodabildung

2. *Sekundäre* | Solonezierung | nach Solontschakierung

| Solontschakierung | $\longrightarrow$ | Salzentfernung (Grundwassersenkung, Auswaschung durch stärkere Niederschläge u. a.), Sodaentstehung |

nach Grundwasseraufstieg Versalzung mit *freien* Na-Salzen, nur wenig Na^+ im SK

Böden mit $CaCO_3$
↓
Ca^{2+} überwiegt im SK, verstärkte Koagulation. Ca-Humate und -Tone, pH $\sim$ 7

| Tschernosemierung |

(Tschernoseme, Kastanienfarbene Böden) je nach Klima u. a. Faktoren

Böden ohne $CaCO_3$
↓
Na^+ im SK, Peptisation, Na-Humate und Na-Tone; pH $>$ 7; Wanderung der Na-Vbdg., A-Hor. verarmt, B-Horizont dicht, oft Säulchenstruktur

---

[1] Nach JANITZKI u. a.

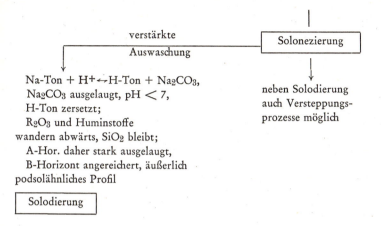

dadurch zerkleinert und mit den in ariden Gebieten herrschenden Winden auf die Böden der Umgebung verfrachtet, von wo sie vielleicht wieder mit den Niederschlägen der kommenden Regenzeit in die Mulden und Täler zurückgeschlämmt werden. Die Solontschake enthalten zwar *freie* Na-Salze; ihr Sorptionskomplex (SK) hingegen zeigt aber nur einen geringen Gehalt an Na^+ gegenüber Ca^{2+} und Mg^{2+} (weniger als 15 %/o der sorbierten Ionen). Die Reaktion des Solontschaks ist meist schwach alkalisch, i. d. R. geringer als pH 8.5.

8.7.2 Böden der Solonezierung

(Farbtafel untere Reihe, 2. Profil v. r.)

Im Gegensatz zu den Solontschaken enthalten die Soloneze keine freien Na-Salze im Oberboden; diese sind, bis auf geringe Reste im Unterboden, ausgewaschen. Hingegen ist das Na^+ im SK der Soloneze in größeren Mengen, oft bis zu 30 und 40 %/o des Kationenanteils austauschbar vertreten. Man spricht von Solonezen, wenn der Na-Anteil am Kationenbelag über 15 %/o ansteigt. Die Soloneze sind daher infolge ihres Gehalts an Na^+ am SK und Fehlens von Ionen in der Bodenlösung im Gegensatz zum Solontschak entflockt. Dadurch sind die Na-Humate und -Tonminerale feinst dispergiert und im feuchten Zustand wanderungsfähig. Sie werden somit beim „klassischen" Solonez in den Unterboden ver-

Übersicht 8.5

Vergleich von Auslaugungsprozessen in Böden der Lessivierung, Solonezierung, Podsolierung und Solodierung. Ergänzende Bemerkungen zu den einzelnen Prozessen im Text

	Lessivierung [7.7]	Solonezierung [8.7]	Podsolierung [7.3]	Solodierung [8.7]
Hauptklimabereich	Cf-Df-Klimate	Dw-BS	meist Df-Klimate	meist Dw-Klimate
Vegetation	Laubwaldgesellschaften	arme Salzsteppenfloren, örtlich sehr spärlich	Nadelwald- und Laubnadelwaldgesellschaften des Nordens	hygrophile Pflanzen innerhalb der Waldsteppenzone
Relief	typische Formen in mehr ebener Lage	Mulden, flache Ebenen mit gehemmtem Wasserabfluß	am typischsten auf mäßigen Hanglagen	Mulden, Talkessel
Gestein	typische Formen auf a priori CaCO$_3$-haltigen Lockermassen	auf zusammengeschlämmtem Lockermaterial der Mulden usw.	am ausgeprägtesten auf silikatärmeren, quarzitischen Gesteinen	auf zusammengeschlämmtem Lockermaterial der Mulden usw.
Eigenschaften des A-Horizonts	schwach saure Reaktion, schluffig, tonverarmt, fahlfarben bis hellgrau. A$_h$ schwach krümelig, A$_l$ hellgrau, einzelkörnig. Kein A$_0$-Horizont	schwach alkalische bis alkalische Reaktion, tonverarmt grau, sandig, Lamellarstruktur	stark saure Reaktion; sandig oder versandet, Einzelkornstruktur. A$_0$-Hor. meist als Rohhumus, A$_e$ weiß, ausgelaugt	saure Reaktion; arm an Schluff und Ton A$_h$-Hor. oft torfig A$_e$ ausgebleicht

| Ablaufende Prozesse | a) Entkarbonatisierung b) Tonbildung und -wanderung (Tonfraktion einschl. Tonminerale) c) Wanderung von Fe_2O_3 in geringer Menge. SiO_2 als peptisierender Faktor d) Entstehung eines B_t- und darunter eines Ca/C-Horizontes, oft Fe- und Mn-Konkretionen im oberen B_t, Tonminerale erhalten | a) Entsalzung b) Wanderung hochpeptisierter Tonminerale und Na-Humate SiO_2 als peptisierender Faktor c) Entstehung eines B-Horizontes aus Ton- und Humusanreicherung Tonminerale erhalten | a) Auslaugung noch vorhandener Ca^{2+} und Mg^{2+} u. a. Metallkationen, Zerstörung oder fehlende Bildung der Tonminerale b) Chelatbildung aus Al, Fe und organischer Substanz Abwärtswanderung zusammen mit koll. SiO_2, ggf. Fulvosäuren u. ä. als Schutzkolloide (?) c) Entstehung von B_h- und B_s-Horizonten durch Ausfällung der Huminstoffe und Sesquioxide | a) Auslaugung noch vorhandener Na^+ und Mg^{2+} u. a. Metallkationen, Zerfall der Tonminerale Fe-Wanderung als organ. Komplex (unter Schutzwirkung von restlichen Na-Humaten und organ. Substanz?) SiO_2 relativ angereichert c) Entstehung eines B-Hor. durch Ausfällung der Sesquioxide, Fe- und Mn-Konkretionen im B-Hor. |

lagert (B-Horizontbildung). Der Oberboden ist deswegen an Sorptionsträgern verarmt, nur schwach alkalisch oder neutral, oft etwas schichtig und „leicht"; der Unterboden dagegen „schwer", sehr alkalisch reagierend, dunkel gefärbt durch Na-Humate, tonig, kittig und zeigt beim Eintrocknen senkrechte Strukturaggregate (oft Säulchen, auch Polyeder). Die *Ursachen* der Solonezbildung (s. auch Übersicht 8.4) sind vielfältig, aber noch nicht restlos geklärt. Wahrscheinlich trägt der häufige Wechsel von Durchfeuchtung und Austrocknung zum Eintritt der Na^+ in den SK bei. Sicherlich ist aber auch die Anwesenheit von Soda (Na_2CO_3) von großer Bedeutung, die, wie Übersicht 8.4 zeigt, durch Sulfatreduktion, Entstehung sodahaltiger Pflanzenrückstände oder auch durch Kationenumtausch erfolgen kann.

8.7.3 Böden der Solodierung

Soloneze können sich unter bestimmten Voraussetzungen zu Soloden entwickeln, indem in feuchteren Jahreszeiten ein zunehmender Ersatz der Na^+ in den Solonezen durch H^+ stattfindet. Auch ein abwechselndes Auf- und Absteigen von schwach mineralisiertem, alkalisch reagierendem Grundwasser kann die Solodierung fördern. Den wichtigsten Teilprozeß der Solodierung bildet die Abwärtswanderung des in alkalischer Lösung peptisierten Humus und die Zerstörung der Mineralteile des Bodens, wodurch die Sorptionskapazität sinkt. Es verlagern sich dabei auch hier, wahrscheinlich unter Entstehung löslicher, organischer Fe-Komplexverbindungen, wesentliche Teile von R_2O_3, CaO, MgO und MnO unter Bildung eines etwa neutralen B_1-Horizonts, wobei der A-Horizont saure Reaktion annimmt und z. T. torfiger Humus entsteht. Hierbei kann sich frei gewordenes SiO_2 (entstanden durch Zersetzung der silikatischen Mineralteile oder infolge Lebenstätigkeit von Mikroorganismen) im A-Horizont anreichern (Unterschied zur Podsolierung!); das Profil als Ganzes wirkt sonst podsolähnlich, doch sind Reste eines alkalisch reagierenden B_2-Horizonts erkennbar. Das Verhältnis Ca:Mg ist bei manchen Soloden im A-Horizont hoch, im B-Horizont dagegen niedrig. Auch bei der Solodierung scheint, ähnlich wie bei manchen „Wiesenprozessen" [8.5] und Marschbodenbildungen [8.2.1] das Magnesium im SK eine große Rolle zu spielen.

8.7.3 Entwicklung Solonez — Solod

Die Weiterentwicklung vom Solonez zum Solod ist nicht zwingend, denn es sind in sehr zahlreichen Fällen auch Versteppungsprozesse nach Solonezbildung nachgewiesen. In Übersicht 8.4 sind mögliche genetische Beziehungen zwischen Solontschakierung, Solonezierung und Solodierung zusammenfassend dargestellt. Ein Vergleich der Auslaugungsprozesse bei der Lessivierung, Solonezierung, Podsolierung und Solodierung folgt in Übersicht 8.5.

KAPITEL 9

Entstehung bodenartiger Formen in Grenzgebieten der Bodenbildung

Wir haben gesehen, daß, von Ausnahmen abgesehen, überall dort, wo genügend Wärme und Feuchte vorhanden sind, auch Böden und Vegetation vorkommen — wobei allerdings Niederschlagswerte und Temperaturen in sehr weiten Grenzen schwanken können. Wo aber Wärme und Feuchte gewisse für Boden- und Vegetationsbildung nötige Grenzwerte unterschreiten, treffen wir statt echter Böden mit Horizonten, die auf Grund bodenbildender Prozesse entstanden sind, nur noch boden*artige* Formen. Diese haben mit den Böden häufig eine gewisse Erhöhung des Anteils an Feinmaterial gegenüber dem Untergrund gemeinsam; oder es sind Oberflächenformen entstanden, die sich deutlich von dem darunter liegenden Material unterscheiden (z. B. Krusten auf Lockermaterial, Steinringe usw.). Jedenfalls fehlt den bodenartigen Formen die normale Strukturierung und Profilgliederung der echten typischen Böden. Ebenso fehlt bei den bodenartigen Formen eine Flora völlig oder fast völlig.

9.1 Bodenartige Formen in Kaltgebieten

Wärmemangel und Eisbildung bestimmen das Vorkommen bodenartiger Formen in arktischen und subarktischen Gebieten und auch in manchen Hochgebirgen der niedrigen Breiten (Abbildung 9.1). Am verbreitetsten sind in diesen Kaltgebieten die sog. „Struktur-" oder „Frostmusterböden", wobei „Struktur" hier im ganz anderen Sinne gebraucht ist als bei echten Bodenbildungen, nämlich als bloße Sortierung von Grob- und Feinteilen. Alle diese bodenartigen Formen sind an das Vorkommen von Bodeneis gebunden. Auftauen und Wiedergefrieren und die daraus folgenden Druck- und Schubwirkungen (Kryoturbation) erzeugen eine Sortierung des Verwitterungsmaterials nach Korngrößen und verursachen schon auf

9.1 Bodenartige Formen in Kaltgebieten

Abb. 9.1 Bodenartige Formen arktischer u. a. Kaltgebiete:
a) Steinringböden, b) Steinnetzböden, c) Steinellipsen- = Girlandenböden, d) Steinstreifenböden (nach J. SCHÄFER in „Fischer-Lexikon Geographie", Frankfurt/M., 1959, S. 24).

sehr flachen Hängen einen „Bodenfluß" oder Solifluktion infolge Wasserübersättigung während der sommerlichen Auftauperiode. Je nach Dauer des Frostes, der Auftauperioden und Art des Reliefs treten sehr verschiedene und deutliche Materialbewegungen und „Strukturen" auf. So entstehen besonders in gemäßigt-arktischen

Gebieten typische bodenartige Formen unter der Bezeichnung Polygon- oder Steinnetzböden, Steinellipsen-, Girlanden- und Steinstreifenböden.

Echte Bodenbildung hingegen kann in diesen o. g. Polygonen und anderen Formen nur dort eintreten, wo sich geringe Vegetationsreste in Form niederer Pflanzen (Algen, Flechten usw.) angesiedelt haben. Diese echten aber nur wenige Millimeter starken Böden werden dabei zumeist durch „Solifluktion" u. a. Bewegungsprozesse wieder zerstört. Zwischen diesen geringen Bodenbildungen und den o. g. Tundrabodenbildungen in der „Tundrazone" nach BÜDEL bestehen gleitende Übergänge (Übersicht 9.1).

9.2 Bodenartige Formen in Trockengebieten
Der Prozeß der Takyrierung

Mangel an Wasser, meist verbunden mit nur periodischer oder episodischer, stets ungenügender Befeuchtung bestimmt die Bildung bodenartiger Formen der ariden Zonen. Genannt seien zunächst *Feinsedimente* in Randwüsten, die sich in abflußlosen Senken nach episodischen Regenfällen sammeln; sie können verschieden zusammengesetzt sein je nach Ursprung u. a. Ursachen (mit oder ohne Na-Salze, $CaCO_3$, $CaSO_4$ usw.). Zu den bodenartigen Bildungen rechnen wir auch *Krusten* von $CaCO_3$, SiO_2, Fe- und Mn-Oxiden.

Den eigentlichen Böden näher stehen schon die *Takyre*, die zuerst von russischen Bodenkundlern (9, S. 427) in den Trockengebieten der UdSSR beschrieben worden sind und in ähnlicher Form auch in anderen Trockengebieten auftreten können (12, S. 86). Bei der

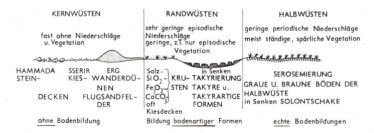

Abb. 9.2 Verteilung von Böden, bodenartigen Formen und Zonen ohne Bodenbildung in ariden Gebieten.

ZEICHENERKLÄRUNG

- **O**   Auflagehumus über dem Mineralboden

- **Ah**   humoser, mineralischer Oberbodenhorizont

- **Al**   Oberbodenhorizont mit Tonverarmung

- **Ae**   Oberbodenhorizont mit Humus- und Sesquioxidverarmung

- **B**   humusarmer, mineralischer Unterboden

- **Bv**   Hauptverwitterungs- u. Tonbildungshorizont

- **Bt**   Unterbodenhorizont mit Tonanreicherung

- **Bh**   Unterbodenhorizont mit Humusanreicherung

- **Bs**   Unterbodenhorizont mit Sesquioxidanreicherung

- **g**   Horizont mit Teilreduktion (Pseudovergleyung)

- **ca**   Horizont mit Kalziumkarbonatanreicherung

- **C**   Ausgangsgestein, aus dem der Boden entstand

- **G**   Vom Grundwasser beeinflußter Horizont (Vergleyung)

- **Go**   Oxydationshorizont

- **Gr**   Reduktionshorizont

Schrägstriche deuten Übergangssituationen an

PROFILE WICHTI

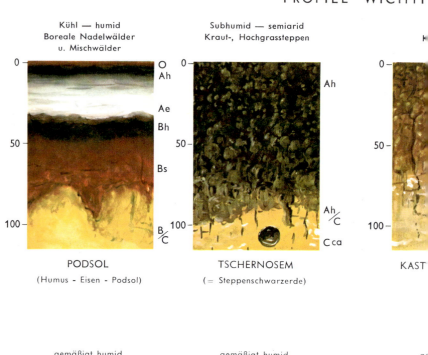

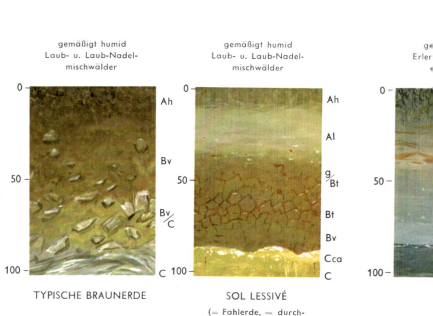

ÖDEN DER ERDE

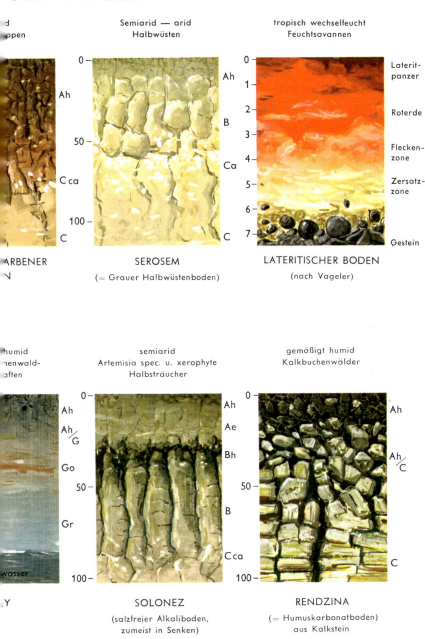

Übersicht 9.1

Bildungsbedingungen bodenfreier Oberflächen, bodenartiger Formen und echter Böden in Kaltgebieten

Klima (mit einzelnen Beispielen)	Klimazonen nach BÜDEL	Frosttiefe und Auftauprozesse	Bodenbildungen	einzelne Böden oder bodenartige Formen
voll arktisch, F-Klima (Antarktis)	} Frostschutzzone	ständige tiefe Gefrornis, daher Untergrund stets gefroren; sommerlicher oberflächlicher Auftau fehlt oder tritt ganz zurück	fehlen; nur physikalische Verwitterung. Inlandeis, Schutt	
gemäßigt arktisch, EF-Klima (Spitzbergen)		meist tiefe Gefrornis, Untergrund noch stets und überall gefroren. Sommerlicher Auftau flächenhaft mit Wasserstau in ebener Lage	überwiegend bodenartige Formen	„Strukturböden": in ebener Lage Polygone; an Hängen Steinstreifen- und Girlandenböden, weit verbreitet Prozesse der Solifluktion (Abb. 9.1)
subarktisch, ET-Klima (Nordeurasien)	Tundrazone	weniger tiefe Gefrornis, Untergrund meist ohne durchgehende Gefrornis, stärkerer sommerlicher Auftau, Wasserstau möglich	echte Bodenbildungen neben bodenartigen Formen	Echte Böden [7.2]: Tundraböden (Tundragleye, Torfgleye, Gleypodsole, Nanopodsole); bodenartig: Strukturböden; Solifluktionsprozesse

Übersicht 9.2

Bildungstendenzen von Böden und bodenartigen Formen auf silikatisch-quarzitischen Gesteinen unter verschiedenem Klima und Relief

Klimate nach KÖPPEN (mit einzelnen Beispielen)	Wichtige Bildungsprozesse von Böden und bodenartigen Formen		
	in ebener oder fast ebener Lage	an mäßig steilen Hängen (bes. der Mittelgebirge)	in Tälern und Senken mit gehemmtem Abfluß des Niederschlags
E- und E/D-Grenz-Klimate (Südliche Tundrazone)	*Tundrabodenbildung* Tundragleye, Torfgleye, Polygone u. ä. bodenartige Bildungen	*Fließerdebildungen* (Solifluktion); Steinstreifen-, Girlandenböden als „bodenartige" Formen	Tundramoorbildung
Df (Nordeuropa, nördl. Nordamerika)	*Podsolierung* Podsole, Gleypodsole und Übergänge zu Sols lessivés (z. B. Graue Waldböden)	*Podsolierung von Gebirgsböden* Gebirgspodsole, Graue Gebirgswaldböden u. ä.	*Podsolgleybildung, Vermoorung* Podsolgleye, Hochmoorböden und Übergangsformen
Cf (Mittel- und Westeuropa)	*Lessivierung*, besonders auf CaCO₃-haltigem Ausgangsmaterial (Lösse, Mergelsande u. ä.). Sols lessivés und Sols bruns lessivés *Pseudovergleyung* bei verdichtetem Unterboden als zusätzlicher Prozeß	*Braunerdebildung* Mitteleurop. Braunerden, örtlich auch Podsolbraunerden, je nach Kationengehalt des Gesteins, örtliches Klima und Vegetation, Lessivierung tritt zurück	*Vergleyung und Moorbodenbildung* Nieder- und Hochmoorböden, am Rande der Senken auch Anmoorböden, Moorgleye und Gleye

Pseudogleye
● Braunerdebildung zurücktretend

Dw-BS (SO-Europa, Zentralasien, Zentrales Nordamerika)	*Tschernosemierung u. a. Steppenbodenbildungen* (Tschernoseme, ausgelaugte, südliche u. a. Tschernoseme, Prärieböden, Kastanienfarbene Böden)	*Tschernosemierung von Gebirgsböden* Gebirgstschernoseme jeder Art, Gebirgskastanienfarbene Böden u. ä.	*Wiesenbodenbildung* Wiesenböden, Wiesentschernoseme, örtlich auch solonzierte Tschernoseme
BS-BW (Sahara, Sudan, Zentralasien)	*Serosemierung* Seroseme (= Graue Wüstenböden), Graue und Braune Böden der Halbwüsten, trocknere Zimtfarbene Böden	*Serosemierung von Gebirgsböden* Gebirgsseroseme, Braune u. a. Halbwüstenböden der Gebirge; örtlich Erosionstendenzen	*Solontschakierung und Solonezierung* versch. Arten Solontschake und Soloneze. Oft Krustenbildungen Takyrierung als bodenartiger Bildungsprozeß
Aw (wechselfeuchte warme Klimate in SO-Asien, Zentralafrika, Südamerika)	*Rubefizierung* (nach W. KUBIĒNA) trop. Roterden, vererdete Rotlehme	Bildung von Latosolen im weitesten Sinn — Gebirgslatosole	weit verbreitet „Catenen", d. s. gesetzmäßige Bodenfolgen hangab [11.2], besonders in wechselfeuchten Randtropen — *Tirsifizierung* schwarzgraue, oft Na-haltige, schwere Böden als unterste Catenaglieder. Tirse, Regure u. ä. (= Vertisole)
Af (äquatoriale Regengebiete)	rezente *Laterisierung* (nach W. KUBIĒNA) Bildung von *podsol*-ähnlichen trop. Böden außerhalb der Latosolbildung		*Trop. Moorbodenbildungen* Trop. Moorböden, Gleypodsole und Podsolgleye als unterste Catenaglieder

Takyrierung entstehen bodenartige Feinsedimente mit einer hellen, festen, fast wasserundurchlässigen Kruste, die oft Na- oder Ca-Salze enthält und von Rissen in Gestalt unregelmäßiger Einzelfiguren durchzogen ist. Takyre weisen entweder gar keine oder eine nur aus primitiven Algen bestehende Flora auf (Abbildung 9.2).

Abschließend sind in Übersicht 9.2 die wichtigsten Beziehungen zwischen Klima, Relief und Prozessen, die teils zu echten Bodenbildungen, teils nur zu bodenartigen Formen führen, zusammengestellt.

KAPITEL 10

Voraussetzungen für das Fehlen der Bodenbildung

Neben dem Vorkommen von echten Böden und boden*artigen* Formen gibt es auf der Erdoberfläche unter besonders ungünstigen Umweltsbedingungen auch noch ganz überwiegend boden*freie* Gebiete. Hier reicht also das höchstens mechanisch zerkleinerte, sonst wenig veränderte Gesteinsmaterial bis zur Erdoberfläche. Man kann in diesen Gebieten unterscheiden zwischen dauernd und nur vorübergehend fehlender Bodenbildung.

10.1 Ursachen dauernd fehlender Bodenbildungsprozesse

Dieses Fehlen kann folgende Ursachen haben:

a) Extreme *Trockenheit* und dadurch auch fehlende Vegetation, wie etwa in Kernwüsten. Lose Sande (Wanderdünen, Flugsandfelder u. ä., wie z. B. in den Ergs der Sahara) oder Stein- und Kiesdecken (Hamada, Sserir) bilden die Erdoberfläche. Zuweilen finden sich unterhalb der Sserirdecke noch Reste fossiler Verwitterungen, die äußerlich ähnlich strukturiert sind wie manche „Strukturböden" der Kaltgebiete, wie sie z. B. MECKELEIN in der zentralen Sahara beobachtet hat.

b) Fast ständig sehr *niedrige Temperaturen*, die fast nie 0° C überschreiten und die dadurch jeden chemischen Verwitterungsprozeß und Pflanzenwuchs sowie jede Bodenbildung praktisch ausschließen; dies gilt natürlich im besonderen für die mit Inlandeis bedeckten Flächen (Grönland außerhalb der Randgebiete, Antarktis) aber auch für die Frostschutzzonen der Arktis und Subarktis nach BÜDEL (Übers. 9.1).

c) Verbindung von niedrigen Temperaturen und steilem *Relief*, wie in den Hochlagen vieler Gebirge. Auch schon in mittleren Breiten kann ein extrem steiles Relief (z. B. herausgewitterte Kalkrippen) jede Bodenbildung verhindern.

10.2 Ursachen nur vorübergehend fehlender Bodenbildungsprozesse

Hierbei kann man folgende Fälle unterscheiden:

a) Wanderdünen der Küstenregion (oder auch ausnahmsweise des Binnenlandes) in humiden Gebieten können infolge menschlicher Mißwirtschaft (Waldzerstörung) oder außergewöhnlicher Windwirkung durch Verwehung bodenfrei werden. Geeignete Kulturmaßnahmen vermögen die Bodenbildung wieder einzuleiten, die je nach Klima und Ausgangsmaterial (Quarz- oder $CaCO_3$-haltige Sande, Spatsande u. a.) zu verschiedenen Bodentypen führen.

b) Entsprechendes gilt für Bodenfreiheit und Wiederentstehung von Böden auf jungen Bergstürzen, Gletscherablagerungen und Flußsedimenten unter Umweltbedingungen, die für eine Bodenbildung günstig sind.

Abbildung 9.2 zeigt den allmählichen Übergang von echten Bodenbildungen in Trockengebieten über bodenartige Formen und Feinsedimente oder Takyre bis zu ganz bodenfreien Gebieten. Übersicht 9.1 zeigt eine entsprechende tabellarische Zusammenstellung für Kaltgebiete.

KAPITEL 11

Beziehungen zwischen einzelnen Bodenbildungsprozessen

Die einzelnen Prozesse der Bodenbildung stehen nicht getrennt im Raum, sondern sind durch mannigfaltige Beziehungen untereinander verknüpft. Oft veranlassen kontinuierliche Änderungen einzelner Klimaelemente einen allmählichen Übergang von einem zum anderen Bodentyp. Das Relief und das zumeist mit ihm verbundene Zuschußwasser bewirken einen oft regelmäßigen Wechsel der bodenbildenden Prozesse auf engem Raum und unter bestimmten Bedingungen eine „Catena", d. i. eine Kette von Böden, die in bestimmter Weise assoziiert sind.

11.1 Übergangsbildungen

Wir haben gesehen, daß die Prozesse der Bodenbildung von außen gesteuert werden — im großen Rahmen gesehen vorwiegend durch klimatische Faktoren. Die Werte der einzelnen Klimaelemente, z. B. des Niederschlags, ändern sich aber zumeist allmählich und nicht sprunghaft, besonders innerhalb großer weiter Ebenen. Auf Grund dieser allmählichen Veränderung des Klimas oder anderer Faktoren sind ebenfalls Übergangssituationen in Bodenbildungsprozessen zu erwarten. Diese Umstände wurden schon oben genannt und können ein Ansprechen und Einordnen der Böden in eine Systematik sehr erschweren. Diese Verhältnisse liegen aber im Wesen der Bodenbildung und deren Verknüpfung mit den Faktoren der Umwelt begründet.

Abbildung 11.1 zeigt ein deutliches Schema für die Übergänge zwischen typischen Böden. Durch Vorsetzen eines zweiten Typennamens wird diese Übergangssituation, die für die Klassifikation der betreffenden Böden sehr wesentlich sein kann, angedeutet; so z. B. in der Übergangsreihe: typischer Podsol — Pseudogley-Podsol — Podsol-Pseudogley — Pseudogley, wobei also der vorherrschende Typenbegriff nachgestellt wird. Eine sehr häufige Übergangssitua-

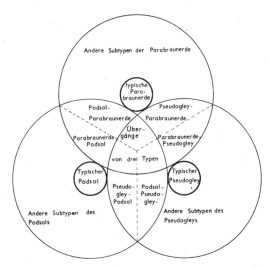

Abb. 11.1 Schematische Darstellung der Entstehung von Übergängen zwischen drei Bodentypen: Sol brun lessivé (Parabraunerde), Podsol und Pseudogley. Wo die Kreise sich decken, überlagern sich die Einflüsse der Bodenbildungsfaktoren und dieses führt zu Übergangsbildungen zwischen zwei oder mehr Bodentypen (aus MÜCKENHAUSEN (6), S. 41).

tion innerhalb der Böden Mitteleuropas ist noch durch die Reihe: Braunerde — Podsolbraunerde — Braunerdepodsol — Podsol (zumeist als Sekundärpodsol) gekennzeichnet. Der Übergang von Braunerde zum Podsol wird durch Kationenverarmung der Braunerden und oft durch einen Vegetationswechsel vom Laub- zum Nadelwald verursacht.

Im Gegensatz dazu können aber schärfere Grenzen zwischen den Typen in unseren Klimaten infolge Gesteinswechsels auftreten, besonders wenn sehr verschiedene und einseitig zusammengesetzte Gesteine, z. B. Sandstein — Kalk, bei Gleichbleiben aller sonstigen Umwelteinflüsse [5.3] nebeneinander vorliegen. Auch Relief- und Expositionswechsel sowie Hinzutreten von Zuschußwasser schaffen gelegentlich deutlichen Wechsel des Bodentyps auf nur kurze Entfernung ohne wesentliche Übergangsformen.

11.2 Bodenassoziationen

Neben den Übergangssituationen [11.1] trifft man in vielen Landschaften bestimmte Bodenassoziationen an, die nur durch die

11.2 Bodenassoziationen — Bodenkomplexe

in der Landschaft wirkenden Umweltfaktoren bestimmt sind. Die Verknüpfung der Böden zu Assoziationen erfolgt vor allem durch ihre gegenseitige Stellung im Relief, s. dazu auch Übersicht 9.2.

a) *Bodenkomplexe.* Hiermit bezeichnet man eine meist durch Reliefformen (Senke, Ebene) bedingte, sich sehr oft wiederholende, stets nur kleinräumige Verknüpfung von zwei oder drei Bodentypen, wobei die Grenzen zwischen den Typen je nach Umständen sehr scharf gezogen sein können.

Abb. 11.2 Geländeschnitt durch eine abflußlose Senke im kühlfeuchten Klima (etwa Df nach KÖPPEN) mit Bodenkomplexen.
1 Podsole unter Nadelwäldern an Hängen
2 Übergangszone mit Gleypodsolen
3 Waldmoor- und Hochmoorböden mit Zwergsträuchern und geringwüchsigen Nadelhölzern.

Beispiele: Bodenkomplexe aus Podsolen (auf Hochflächen und Hängen) und Hochmoorböden (in Senken) in humid-kühlen Gebieten der Nordkontinente mit schmaler Übergangszone in Gestalt von Gleypodsolen (Abb. 11.2); Bodenkomplexe braunroter Böden arider Klimate aus alten Verwitterungsresten auf Hochflächen und Grauen Böden schwerer Textur (Tirsifizierung) in Senken, mit oft kalkiger Übergangszone z. B. in der Kalahari Südafrikas (Abb. 11.3).

b) *Bodencatenen* sind in gewisser Hinsicht „erweiterte" Bodenkomplexe (s. o.) — sie sind viel ausgedehnter als diese, oft kilometerlang und über große Höhenunterschiede hinwegreichend. Man kann gemäß einer neueren Definition nach FINCK (10, S. 31) die Catena als eine Bodengruppe auffassen, deren Glieder oft im Sy-

Abb. 11.3 Geländeschnitt durch eine abflußlose Senke im Savannenklima Afrikas mit Bodenkomplex.
1 Braune trockne Savannenböden
2 Übergangszone mit leichten grauen Böden aus Kalkkonkretionen
3 Böden der Tirsifizierung [8.6], schwer, dunkel (aus GANSSEN (12), S. 75).

stem der Böden weit voneinander entfernt stehen können und die, wie bei einer durchhängenden Kette, durch ihre topographischen Beziehungen miteinander verbunden sind. Ihre Vorkommen wiederholen sich stets in gesetzmäßiger Form an vergleichbaren topographischen Positionen. Die bodenbildenden Prozesse innerhalb dieser „Bodenkette" sind demnach bestimmt durch ihre Stellung innerhalb der Catena. Man findet eine regelmäßige Abfolge von Bodentypen hangabwärts, wobei am Oberhang (Eluvium) ganz allgemein gröberes, oft steindurchsetztes, trockneres Bodenmaterial vorherrscht, das zum Unterhang (Alluvium) tonmineralreicher, feiner und frischer wird. Die oberen Catenaglieder unterscheiden sich also durch Materialart und -sortierung von den unteren Gliedern, wobei je nach Klima, Gestein, Vegetationsart und -dichte verschiedene Abfolgen von Böden auftreten. Die Catenen sind in wechselfeuchten Gebieten der Tropen und Randtropen am stärksten ausgeprägt. Infolge der heftigen Regengüsse in diesen Gebieten, die nach der Trockenzeit wegen der verkümmerten Vegetation eine stark erodierende Kraft besitzen, verstärkt sich der Unterschied der oberen und unteren Glieder durch stetigen Abtrag vom Erosionsscheitel und Zufuhr feinen Materials in die Erosionssohle. Die meist regelmäßige Bodenabfolge innerhalb gleicher Klimate und sonstiger Umwelteinflüsse veranlaßte VAGELER und MILNE zur Aufstellung ihrer „Catena-Theorie": Sie konnten damit die Grundlage zu einer ersten, verhältnismäßig sicheren Bodenerkundung in pedologisch unbekannten Gebieten der Tropen und Subtropen schaffen. Voraussetzung dafür war das Gleichbleiben des Großklimas und Vorhandensein etwa gleicher Gesteinsgruppen. Auch in gemäßigten Zonen finden wir örtlich Catenen; am wenigsten ausgeprägt vielleicht in Mitteleuropa, wo der starke Gesteinswechsel an Hängen der zentralen Mittelgebirge und oft auch der Alpen sowie die Lößablagerungen bzw. die Moränen mit Fremdmaterial in den Tälern die Ausbildung einer Catena stören oder verhindern (11, S. 128 f.).

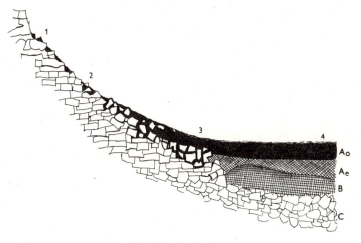

Abb. 11.4   Catena aus Kalk im Hochgebirge.
1 Lithosole u. Initialstadien der Rendzina
2 Rendzinen
3 Rendzinen mit saurer Humusdecke
4 Podsole
(nach Duchaufour, (1), S. 264).

Beispiele für Catenen: Abbildung 11.4 zeigt eine Catena aus Kalk im Hochgebirge nach Angaben von Duchaufour; am Oberhang (Eluvium) geringe Bodenbildung und flachgründiges Initialstadium, am Mittelhang (Colluvium) eine für Kalkstein in Mitteleuropa typische Rendzina, am Unterhang (Alluvium) einen tiefgründigen, oberflächlich $CaCO_3$-freien Boden mit deutlicher, tiefer Profilausprägung und Podsolierung. Abbildung 11.5 gibt eine Catena im semihumiden Steppengebiet Ungarns wieder, wobei als oberste Glieder Tschernoseme, als unterste Glieder subhydrische Böden auftreten. In Zentralburma fanden Rozanov und Rozanova, in Indien Biwas und Mitarbeiter Catenen, die im Inneren der Mulde

11.3 Bodencatenen — Beispiele

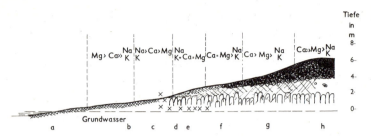

Abb. 11.5 Catena in einem semihumiden Gebiet (nach BLUME, NEMETH, JANITZKI u. a. in Ungarn).

a Moorgleye u. a. Subhydrische Böden
b Wiesenböden
c Solontschake
d Soloneze
e Wiesensoloneze
f Soloneztschernoseme
g Wiesentschernoseme
h Tschernoseme
× Salzhorizonte

(Alluvium) zu Böden der Tirsifizierung (regurähnliche Böden) [8.6] führten. Ähnliches gilt für Catenen im wechselfeuchten Savannenklima Afrikas.

In ausgeprägt ariden Gebieten bilden oft Solontschake mit freien Na-Salzen [8.7.1] die untersten Catenaglieder.

KAPITEL 12

Sekundäre Bildungsprozesse in Kulturböden

Es ist die Aufgabe dieses Buches, vor allem die unter verschiedensten *natürlichen* Voraussetzungen ablaufenden Prozesse der Bodenbildung zu schildern. Deshalb sollen die infolge Kulturarbeit in den Böden ablaufenden sekundären Prozesse nur kurz und an wenigen Beispielen in ihrer allgemeinen Tendenz dargelegt werden.

Ein Kulturboden entsteht aus einem Naturboden als Folge wirtschaftlicher und bodenkultureller Maßnahmen. Die hierdurch ablaufenden Prozesse verändern den ursprünglichen Boden teils nur wenig, teils aber auch sehr bedeutend, so daß in diesen Fällen eine abweichende Bodendynamik gegenüber dem ursprünglichen Boden festzustellen ist. Hier seien nur zwei besonders kennzeichnende Beispiele — je eines für humide und aride Gebiete — aufgeführt, weil sie sehr verbreitet vorkommen und für die betreffenden Gebiete von großer wirtschaftlicher Bedeutung sind.

12.1 Sekundäre Tschernosemierung

Der natürliche Tschernosem [7.4] ist der ideale Steppenboden und gleichzeitig der wichtigste für den Anbau wertvoller landwirtschaftlicher Kulturpflanzen, da er nachhaltig fruchtbar und ertragreich ist. So ist das Bestreben verständlich, landwirtschaftliche Kulturböden unserer humiden Gebiete von geringerer Fruchtbarkeit mit Hilfe kultureller Maßnahmen so zu verändern, daß sie den Böden der Tschernosemierung ähnlicher werden. Hierzu wären (außer dem Anbau von Getreidearten als „künstliche" kultivierte Steppengräser) nach unseren bisherigen Ausführungen folgende Maßnahmen erforderlich:

a) Zufuhr der meist fehlenden Erdalkalikationen zur Neutralisierung des Bodens und zur Stabilisierung der Huminstoffe als Ca- (und Mg-)humate; hierzu verwendet man zweckmäßig i. d. R.

Düngekalk (CaCO$_3$) u. ä. wirkende Mineraldünger, wobei Mergel auf Grund seines Gehalts an Tonmineralen oft nützlich ist;

b) Zufuhr von Kompost u. a. N-reichen Huminstoffen zur Ergänzung des meist in zu geringer Menge vorhandenen Naturhumus und zur Bildung von Tonmineral-Huminsäure-Komplexverbindungen [4.9];

c) Zufuhr geeigneter Pflanzennährstoffe in Form der Mineraldünger;

d) mechanische Bodenbearbeitung, die die Wühlarbeit der Tiere im natürlichen Tschernosem ersetzt und ggf. einen verdichteten Untergrund oder eine Pflugsohle auflockert.

Die zu erhoffenden Erfolge dieser Maßnahmen (optimaler Humusgehalt, Biotisierung der organischen Ausgangs-Substanzen, Vertiefung des A-Horizontes, ggf. Lockerung des B-Horizontes) werden je nach Voraussetzung (primärer Bodenzustand, Art, Dauer und Intensität der Maßnahmen) verschieden sein. Auf fruchtbareren Braunerden mit hoher Kationenumtauschkapazität und Sols lessivés [7.7] mit nicht zu starker Tondurchschlämmung werden sie leichter und in kürzerer Zeit eintreten und oft einen dem Tschernosem in der Fruchtbarkeit wenigstens *ähnlichen* Boden erzeugen können. Auch auf kationenreichen Moorgleyen und Anmoorböden (mit abgesenktem Grundwasser) werden ähnliche Erfolge zu verzeichnen sein. Auf ehemaligen Podsolen mit sehr versandeten, ganz nährstoffarmen Oberböden (z. B. auf Talsanden im norddeutschen Diluvium) wird sich dagegen auch nach längerer Zeit intensiver Meliorierung nur eine geringere Veränderung in Richtung eines Bodens mit tschernosemähnlichen Eigenschaften einstellen. Ganz allgemein werden kultivierte Gartenböden am ehesten in Richtung Tschernosem umgeformt werden können, weil bei dieser Kulturart i. d. R. eine große Menge an Meliorationsmitteln auf meist kleiner Fläche und daher mit größerer Wirksamkeit und Aussicht auf Erfolg gegeben wird. Die Erhaltung der Fruchtbarkeit ist bei primären Tschernosemen am leichtesten, da sie in einem die günstigen Eigenschaften dieses Typs erhaltenden Klima entstanden sind. In unserem humiden und ozeanischen Klima ist aber die Erhaltung sekundärer tschernosemähnlicher Böden viel schwieriger und bedarf einer wesentlich intensiveren, dauernden Kulturarbeit, allein schon, weil die stabilisierende Wirkung des trockneren und kontinentaleren Klimas der natürlichen Tschernosemgebiete fehlt (Sommertrocknis und Winterkälte mit fehlender Bodenauswaschung und fehlender mikrobieller Zersetzung der Huminsäuren).

12.2 Sekundäre Solontschakierung und Solonezierung

Während mit sekundärer Tschernosemierung stets eine Erhaltung und Steigerung der Fruchtbarkeit und Ertragsfähigkeit verbunden ist, deren Größe nur von den Eigenschaften des Primärbodens, der Intensität und Dauer der kulturellen Maßnahmen abhängt, ist die Solontschakierung und Solonezierung als Zweitprozeß stets mit einer *Verminderung* von Bodenfruchtbarkeit und -ertrag verbunden. Diese Art der Solontschakierung und Solonezierung sind, im Gegensatz zur sekundären Tschernosembildung, *ungewollte* und schädigende Prozesse. Die Fruchtbarkeitsverminderung kann sogar bis zur völligen Unfruchtbarkeit der Böden führen.

Wir haben gesehen [8.7.1], daß infolge von aufsteigenden Bodenlösungen aus oberflächennahem Grundwasser oder durch Verdunsten von zusammengeströmtem Niederschlagswasser in Senken der Trockengebiete erhebliche Anreicherungen von Na-Salzen entstehen können, die vielleicht nur durch einen etwaigen „Salzkreislauf" [8.7.1] in ihrer Stärke begrenzt sind. Um den Ertrag der Böden arider oder semiarider Gebiete zu erhöhen, der nur durch den naturgegebenen Wassermangel begrenzt wird, ist die Zufuhr von Wasser in irgendeiner Form (Beregnung, Überlauf von Wasser aus Kanälen, Aufstau von zu tief stehendem Grundwasser) für den Anbau von Kulturpflanzen zwingend notwendig. Tatsächlich erreicht der Bodenertrag nach Einsetzen der Wasserzufuhr oft ein Mehr- bis Vielfaches des früheren Ertrages. Nach einigen Jahren oder Jahrzehnten beobachtet man aber vielfach ein Nachlassen und örtlich sogar einen völligen Ertragsrückgang auf einen Bruchteil des bisherigen Höchstertrages. Fast stets liegt dann eine Solontschakierung der Böden (mit freien Na-Salzen) vor, denn auch ganz salzarmes Bewässerungswasser und künstlich aufgestautes Grundwasser lassen nach Verdunstung die in ihm gelösten Salze auf der Bodenoberkrume zurück. Sie können sich dann allmählich, genau wie beim natürlichen Solontschakprozeß, *anreichern* und zur Verkümmerung oder Vernichtung der Kulturpflanzen führen. Nur eine sachgemäß geleitete Bewässerung, auf deren technische Einzelheiten wir hier nicht eingehen können, kann solche Versalzung vermeiden.

Neben diesen sekundären Solontschakprozessen kann, ähnlich wie beim natürlichen Prozeß, gleichzeitig eine Art von sekundärer Solonezbildung auftreten (12, S. 104), die auch hier durch einen Eintritt der Na^+ in den SK des Bodens gekennzeichnet ist. Dieser Eintritt der Na^+ wird durch konzentrierte Bodenlösungen der Trockengebiete, Anwesenheit von Na_2CO_3, Wechsel von Befeuchtung und Austrocknung bei der Wassergabe u. a. Umstände sehr gefördert. Allerdings zeigt dieser künstliche Solonez im Gegensatz zum natürlichen „klassischen" Solonez i. d. R. keinen Auslaugungshorizont A; der schwere, tonige, im trockenen Zustand steinharte und rissige und im feuchten Zustand seifig-schmierige, sehr alkalische Horizont reicht bis zur Oberkrume, so daß man besser von einem künstlichen, solonez*artigen* Boden spricht.

Die so geschädigten Böden bedürfen verschiedener Methoden der Meliorierung, die ein gemeinsames Ziel haben: Verdrängung des Na^+ aus den Böden, das sowohl als freies Salz als auch als Kation im SK (durch Alkalisierung und Verdichtung des Bodens) schädlich wirkt, mit Hilfe von Ca^{2+}. Zu diesen Methoden gehören: Absenken des Grundwassers, Durchspülen des Bodens zur Auflösung der freien Na-Salze mit möglichst salzarmem, *reichlich* bemessenem Wasser, Ersatz des Na^+ im SK durch Gipsdüngung ($CaSO_4 \cdot 2H_2O$); ferner Gründüngung und auch hier reichliche Wassergabe zur Wiederherstellung eines biologisch günstigen gekrümelten und lockeren Bodens.

Leider zeigt der künstliche Na-Boden in Form des Solontschaks und solonezähnlichen Bodens im Gegensatz zum künstlichen tschernosemähnlichen Boden eine Erhaltungstendenz und kann sich durch unrichtiges Bewässern in seinen ungünstigen Eigenschaften sehr verstärken, weil das Klima der Trockengebiete (hier allein kann eine Salz- bzw. Na-Anreicherung stattfinden) solche Prozesse fördert.

Über sekundäre *Podsolierung* s. [7.3]

12.3 Ziele sekundärer Bodenbildungsprozesse im Sinne einer Erhöhung von Bodenfruchtbarkeit und -ertrag

Die sekundären Prozesse, die der arbeitende Mensch unter Abwandlung der natürlichen *bewußt* einleitet und steuert, verfolgen eine nachhaltige Erhöhung von Fruchtbarkeit und Ertragsfähigkeit eines Bodens. Er muß also dafür sorgen, daß der sekundäre Prozeß nicht etwa — nach einer nur vorübergehenden Steigerung — zu einer dauernden Ertragsminderung führen kann, wie es im obigen Beispiel der sekundären Solontschakbildung oder der Podsolierung ([7.3] und [7.6.1]) geschildert ist. Für eine solche nachhaltige Erhöhung der Fruchtbarkeit sind bei unfruchtbaren Böden folgende allgemeinen Maßnahmen einzuleiten, die auf die jeweiligen Gegebenheiten abzustimmen sind:

a) Schaffung geeigneter *Sorptionsträger;* sei es durch *Neuschaffung* oder Zufuhr, wie z. B. in sehr armen Böden aus Quarziten oder in stark ausgelaugten, fast sorptionsfreien Latosolen; sei es durch *Umformung* bereits vorhandener Sorptionsträger, wie z. B. in Podsolen, deren Rohhumushorizont A_0 in biologisch günstigeren Mull umgeformt wird.

b) Herstellung von *Ca-Böden*, also solchen, deren Sorptionsträger zum größeren Teil oder völlig mit Ca (und geringen Anteilen an Mg) abgesättigt sind (wie die natürlichen Tschernoseme oder Kastanienfarbene Böden); d. h. also Vermeidung bzw. Meliorierung von versauerten Böden mit freien H^+ oder Al^{3+} in der Bodenlösung und von Na-Böden mit Versalzung, Solonezierung und Alkalisierung [12.2]. Diese Maßnahmen hängen z. T. mit den unter a) geschilderten zusammen.

c) Schaffung eines biologisch günstigen ausgeglichenen, beständigen *Lufthaushalts* mit Anteilen aller Porengrößen durch stabiles Krümelgefüge (wie in Tschernosemen oder Rendzinen oder günstigen, entwässerten Niedermoorböden) — hierzu ist ein Teil der in b) genannten Maßnahmen eine Grundvoraussetzung.

d) Schaffung eines biologisch günstigen ausgeglichenen *Wasserhaushalts;* entweder durch Bewässerung ohne Versalzung [12.2] in Trockengebieten, oder durch Entwässerung von Moorböden, Wattenböden oder Gleyen mit zu hoch stehendem Wasser, oder durch Lockerung und Entwässerung von Staukörpern in Stagnogleyen, Pseudogleyen o. ä. Böden, auf denen sich zeitweise oder dauernd biologisch ungünstiges, luftarmes, meist sauer reagierendes Stauwasser sammeln kann.

e) Schaffung eines gesunden *Nährstoffhaushalts* auf der Grundlage von a) bis d) durch entsprechende Mineraldüngung mit Makro- und Mikronährstoffen.

In Übereinstimmung mit der Lehre von den einzelnen Bodenphasen [2] — feste, flüssige, gasförmige und „biologische" — kann es mit diesen genannten Maßnahmen möglich sein, einen idealen Kulturboden von nachhaltiger Fruchtbarkeit aufzubauen.

Schrifttumshinweise

I. Lehrbücher zum weiteren Studium (Nr. 1—9):

1 Duchaufour, Ph.:
Précis de Pédologie (2. Aufl.), Paris 1965.

2 Fiedler, H. J. und Reissig, H.:
Lehrbuch der Bodenkunde, Jena 1964.

3 Glinka, K.:
Typen der Bodenbildung, Berlin 1914.

4 Kubiëna, W. L.:
Bestimmungsbuch und Systematik der Böden Europas, Madrid und Stuttgart 1953.

5 Laatsch, W.:
Dynamik der mitteleuropäischen Mineralböden (4. Aufl.), Dresden und Leipzig 1957.

6 Mückenhausen, E.:
Entstehung, Eigenschaften und Systematik der Böden der Bundesrepublik Deutschland, Frankfurt a. M. 1962.

7 Robinson, G. W.:
Soils, their origin, constitution and classification, London 1949.

8 Scheffer, F. und Schachtschabel, P.:
Bodenkunde (7. Aufl.), Stuttgart 1970.

9 Schroeder, D.:
Bodenkunde in Stichworten, Kiel 1972.

II. Sonstige wichtige Bücher und Schriften, die z. T. auch im Text genannt sind (Nr. 10—22):

10 Finck, A.:
Tropische Böden, Hamburg und Berlin 1963.

11 Ganssen, R.:
Bodengeographie (2. Aufl.), Stuttgart 1972.

12 Ganssen, R.:
Südwestafrika, Böden und Bodenkultur, Berlin 1963.

13 Ganssen, R. und Hädrich, F.:
Atlas zur Bodenkunde,
Meyers Großer Physikalischer Weltatlas, Mannheim 1965.

14 Gerasimov, I. P. und Glazovskaja, M. A.:
Grundlagen der Bodenkunde und Bodengeographie (russ.), Moskau 1960.

15 Ivanova, E. N. und Nogina, N. A.:
Untersuchungen auf den Gebieten der Bodengenese (russ.), Moskau 1963.

16 Kelley, W. P.:
Alkali Soils, New York 1951.

17 Kubiena, W.:
Entwicklungslehre des Bodens, Wien 1948.

18 Kubiëna, W.:
Die taxonomische Bedeutung der Art und Ausbildung von Eisenoxydhydratmineralien in Tropenböden;
Z. f. Pflanzenern., Düngg., Bdkde *98*, 205—213 (1962).

19 Kubiëna, W.:
Neue Beiträge zur Kenntnis des planetarischen und hypsometrischen Formenwandels der Böden Afrikas;
Stuttgarter Geogr. Studien, *69* (Lautensach-Festschrift), 50—64 (1957).

20 Rode, A. A.:
The Soil Forming Process and Soil Evolution (übersetzt aus d. Russ. ins Engl.), Israel Program für Scientific Translat. Jerusalem 1961.

21 Simonson, R. W.:
Entwurf einer verallgemeinerten Theorie der Bodenbildung (engl.);
Proc. Soil Science Soc. Am. *23*, 152—156 (1959); Ref.: Z. f. Pflanzenern., Düngg., Bdkde *88*, 82 (1960).

22 Tiurin, I. V. und Kononova, M. M.:
Humusbiologie und Probleme der Bodenfruchtbarkeit;
Počvovedenie H. *3*, 1—13 (1963).

REGISTER

Allophane 28
alpine Humusbildung 70
Anionenumtausch 31
Anmoorböden 126
Anreicherungshorizonte 51
Atmosphäre 14
atmosphärischer Staub 55f.
Auenböden 94, 98
Aufwärtssteigen von Bodenlösungen 51
Auslaugungsprozesse 51, 106
Auswaschung von Böden 49

B-Horizont 49
Biosphäre 14
Bodenalter 41f.
bodenartige Formen 66, 110ff.
– – in Kalkgebieten 110ff.
– – in Trockengebieten 112
Bodenassoziationen 120
Bodenbildung, ausgleichende Wirkung der 44
–, fehlende (einzelne Beispiele) 118
–, fehlende (Ursachen) 117
–, intrazonale 61f.
–, Schema für 15
–, vergleichende Klassifikation der 64ff.
–, zonale 61ff.
– (Entwicklung der Kenntnisse) 63ff.
– (Nomenklatur) 63
– bei verschiedenem Klima und Relief 114
– in Kaltgebieten 113
– in Osteuropa 62
Bodenbildungsprozesse, intrazonale 90ff.
–, sekundäre 125
– (Beziehungen untereinander) 119
Bodenbildung und Klima 56ff.
Bodencatenen 122ff.
Bodendefinition 13
Böden der Lessivierung 81ff.
Bodenentwicklung 40ff.
–, Beispiele für 42ff.
–, Zeitdauer 41f.
bodenfreie Gebiete 117
bodenfremde Systeme 16
Bodenfrost 20
Bodenfruchtbarkeit 129
Bodengeschichte 58f.
Bodenhorizonte 48ff.
– (Entstehung) 48ff.
Bodenklimax 51
Bodenkomplexe 121
Bodenprofile 48ff.

Bodensystematik 54f.
Bodentypen 48ff., 54
Braune Böden der Halbwüsten 75
Braune Halbwüstenböden 39, 57
Braune Prärieböden 19
Braunerde 62
–, Mitteleuropäische 62, 79
Braunerdebildung 47, 49
Braunerden, Mitteleuropäische 77ff., 97
–, Mitteleuropäische (Horizontaufbau) 78
–, Mitteleuropäische (Subtypen) 79f.
Braunerden-Bildungsbedingungen, Mitteleuropäische 78
Braune Waldböden 77ff.
Braunlehmbildung 47
Braunlehme 78, 86, 93

Catenatheorie 22
Chelate 37
Chlorit 28f.

Dunkelgraue Waldböden 34
Durchmischung, hydratische 53
–, zoogene 52f.
Durchschlämmung, mechanische 49

Entbasung 26
Entkalkung 26
Entkieselung 27
Entwicklung der Kenntnis 63
Exposition 22

Feinsedimente in Randwüsten 112
fossile Böden 41
Fremdwasser 22
Frostmusterböden 110
Frostschutzzone 66
Fruchtbarkeit der Böden 125f.
Fulvosäuren 31, 36f.

Gartenböden 126
Gele, amphotere 27
Gesteinsarten 21f., 90ff.
Gesteinsunterlage 44, 45ff.
Gesteinszerfall 18
Gesteinszersetzung 18
Girlandenböden 112
Gleichgewicht, dynamisches 17
Gleybildung 95
Gleypodsole 97, 99
Gleyprozeß 66
Glimmer 28
Glimmertonminerale 30
Graubraune Wüstenböden 57
Graue Waldböden 38

gray soils of heavy texture 102
Grundwasser 22, 94 ff.
– in ariden Gebieten 95 f.

Halb- und Randwüstenböden 75
Halloysit 84
Hellgraue Waldböden 34
Hemmstoffgehalt 35
Hochmoorboden 62
horizontdifferenzierende Prozesse 52
horizontverwischende Prozesse 52
Humifizierung, abiologische 35 f.
–, biologische 35
Humifizierungsprozesse 34 f.
Huminsäure 31 f.
–, N-arme 35
–, N-reiche 35
–, stickstoffreiche 71
Huminstoffe 31
–, Neubildung der 31
Humus 14, 31
Humusanreicherung 38
Humusgehalt und Klima 57 f.
Humuspodsole 69
Humuspodsolierung 47, 91
Humusstoffhorizont 69
Hydratation 27
Hymatomelansäuren 31

Illit 28 f., 32
Initialstadium der Böden 40 f.

Kalkkruste 26, 40
Kalkkrusten 93
Kalksteinbraunlehm 93
Kalksteinbraunlehme 80 f.
Kalziumkarbonat-Auswaschungen 26
Kalziumkarbonat-Neuentstehung 26
Kaolinit 28 ff., 31 f., 84
Kastanienfarbene Böden 38, 57, 74 f.
– –, dunkle 39
– – (Subtypen) 75
Kastanienfarbener Boden 19
Kationenumtausch 30
Klimaelemente und Bodenbildung 18
Knick 50
Komplexbindung, Tonmineral-
 Huminsäure- 37
Komplexverbindungen, organomineral
 36
Krümelgefüge (Krümelstruktur) 71
Krusten 110, 112
Krustenbildung 24, 51
Kruste und Krustenbildung 24
Kulturboden 125

Langscher Regenfaktor 20
Laterisierung 84 ff.
– (Fe-Oxid-Minerale) 86 f.
Laterisierungsunterschiede zur Rube-
 fizierung 85 ff.
Laterite 86

Lateritische Böden 39
Latosole 84 f.
Lessivierte Böden (Profil) 83
– – (verwandte Typen) 83 f.
Lessivierung 47, 49, 81, 106
lithogene Merkmale 54
lithogener Einfluß 45 ff., 61
Lithosole 40 f., 123
Lithosphäre 14
Lufthaushalt 129

Marschböden 95
Meliorierung 125 f.
menschliche Arbeit und Boden 58 f.
Moder 36 f.
Montmorillonit 28 ff., 31 f.
Moorböden 97, 99
Moorgleye 124, 126
Mull 35, 37

Nährstoffhaushalt 130
Natriumböden 102
Neubildung von Mineralen 25
Niedermoorböden 37
Niederschlag 19
Niederschläge, Verteilung der 20
Nomenklatur 63
Nontronit 32

Oxydation 27

Pararendzine 93
Pedalfere 55, 70
Pedocale 55, 70
Pedosphäre 16
Pelosolbildung 47, 91 f.
Phasen des Bodens 17
Planosolbildung 100
Planosole 101
podsolähnliche Böden 69
Podsole 38, 43, 123, 126
– (Auslaugungsvorgänge) 67
– (Bildungsbedingungen) 67
– (Horizontaufbau) 69
Podsole-Entwicklung 44
Podsolgleyböden 67
Podsolierung 37, 50, 53, 67 ff., 77, 106
–, sekundäre 69
–, typische 67
podsolige Böden 34
Polygonböden 112
Präriebőden (Bruniseme) 73
Pseudogleye 86, 97 ff.
Pseudotschernoseme 73

Ranker 40 f.
red and brown hardpansoils 50
red and yellow podzolic soils 70
Regosole 40
Regure 102
Reifestadium der Böden 40
Relief 22

Rendzina 62
–, verlehmte 93
Rendzinen 123
–, typische 92
Rendzinierung 37, 47, 92ff.
–, Subtypen 92f.
Rohhumus 36f., 69
Roterden 39
Rotlehme 86
Rotteprodukte 36f.
Rubefizierung 84ff.
– (Fe-Oxid-Minerale) 86f.
– und Braunerdebildung 88
Salzhorizonte 124
Salzkreislauf 103, 127
Salzkrusten siehe auch Versalzung 103
Savannen 89, 101
sekundäre Solontschakierung und Solonezierung 127f.
Seroseme 34, 39
– (Eigenschaften) 75f.
– (Krustenbildung) 75
Serosemierung 50, 75ff., 103
soils of heavy texture 102
Solifluktion 111f.
Solodierung 50, 106, 108
Solonez, Ursachen der 108
solonezartige Böden 128
Soloneze 124
–, Na-Anteil 105
Solonezierung 49, 104ff.
Soloneztschernoseme 124
Solontschake 96, 105, 124
Solontschaken 62
Solontschakierung 53, 100, 103f.
–, sekundäre 127
Sorptionskomplex 76, 105
Sorptionsträger 32, 129
Stagnogleye 86, 98
Stauwasser 23, 69ff.
– und Bodenbildung (Beispiele) 99
– – – (Umweltfaktoren) 99
Steinellipsenböden 112
Steinnetzböden 112
Steinringe 110
Steinstreifenböden 112
Steppenbodenbildung 70ff.
Stoffneubildung 24
Stoffumwandlung 24
Stoffverlagerung 48ff.
– und Klima 56ff.
Strukturböden 110
Substanzen, postmortale organische 31

Takyre 102, 112
Takyrierung 53, 100, 112, 116
Teilhydrolyse 26
Teilvorgänge der Bildung 81ff.
Temperatur 20
Terra rossa 93

Tirsifizierung 100ff., 124
Tonminerale 32
–, bodenkundliche Bedeutung der 29
–, Dreischicht- 29
–, isomorphe 30
–, kristalline 27
–, kristalliner Aufbau der 29
–, Oberfläche der 29
–, Plastizität der 29
–, Sorptions- und Umtauschvermögen der 30
–, Zweischicht- 29
Torfgleyböden 67
Tschernoseme 19, 38f., 57, 124
–, ausgelaugte 34
–, Bodenprofil 72
– (Bildungsbedingungen) 71
– (Bindung an die Tonminerale) 71
– feuchter Grenzgebiete 72f.
– trockener Grenzgebiete 73f.
Tschernosemierung 37, 53, 70ff., 77, 104
–, sekundäre 125
Tundrabodenbildung 66f.
Tundragleyprozesse 100
Tundrazone 66

Übergangsbildung bei Böden 119f.
Umtauschkapazität 32
Umtauschvermögen 19
Umweltfaktoren 18
Umwelt und Bodenbildung 18

Van-der-Waalssche-Kräfte 29
Vegetation 21
Verarmungshorizonte 51
vergleichende Klassifikation 64
Verkalkung siehe auch Kalkkrusten 97
Verlehmung 26
Verlehmungsdecken 56
Vermiculit 28ff., 32
Versalzung 97, 103
Vertisole 102
Verwitterung, chemische 24
–, physikalische 24
Vleyböden 102

Wasserhaushalt 129
Wattenböden 95
Wechselfeuchte 96ff.
Wechseltrocknis 96
Wiesenböden 98, 100f., 124
– (Profil) 101
– (Subtypen) 101
Wiesenprozeß 100
Wiesenprozesse 98
Wiesensoloneze 124
Wiesentschernoseme 124
Wind 21

Xerorendzine 93
Zonalität der Böden 63, 66
Zuschußwasser 22

Die wissenschaftlichen Veröffentlichungen aus dem Bibliographischen Institut

B. I.-Hochschultaschenbücher, Einzelwerke und Reihen

Mathematik, Physik, Astronomie, Chemie,
Ingenieurwissenschaft,
Philosophie, Literatur, Sprache, Geographie,
Geologie, Völkerkunde

Wissenschaftsverlag
Bibliographisches Institut

Inhaltsverzeichnis

Mathematik

Sachgebiete

Mathematik 2

Mathematische Forschungsberichte 8

Physik 8

Astronomie 11

Chemie 12

Ingenieurwissenschaften 13

Philosophie 15

Literatur und Sprache 15

Geographie – Geologie – Völkerkunde 16

B.I.-Hochschulatlanten 17

Reihen

Methoden und Verfahren der mathematischen Physik 17

Überblicke Mathematik 18

Mathematik für Physiker 18

Informatik 19

Theoretische und experimentelle Methoden der Regelungstechnik ... 20

Mathematik für Wirtschaftswissenschaftler 20

Stand: 1. November 1974

Aitken, A. C.: Determinanten und Matrizen. 142 S. mit Abb. 1969. (Bd. 293)

Alefeld, G./J. Herzberger/ O. Mayer: Einführung in das Programmieren mit ALGOL 60. 164 S. 1972. (Bd. 777)

Aumann, G.: Höhere Mathematik. Band I: Reelle Zahlen, Analytische Geometrie, Differential- und Integralrechnung. 243 S. mit Abb. 1970. (Bd. 717)
Band II: Lineare Algebra, Funktionen mehrerer Veränderlicher. 170 S. mit Abb. 1970. (Bd. 718)
Band III: Differentialgleichungen. 174 S. 1971. (Bd. 761)

Bachmann, F./E. Schmidt: n-Ecke. 199 S. 1970. (Bd. 471)

Bauer, F. W.: Homotopietheorie. 368 S. 1971. (Bd. 475)

Behrens, E. A.: Ringtheorie. Etwa 290 S. 1974. (Wv)

Berz, E.: Verallgemeinerte Funktionen und Operatoren. 233 S. 1967. (Bd. 122)

Böhmer, K./G. Meinardus/ W. Schempp (Hrsg.): Spline-Funktionen. Vorträge und Aufsätze. 415 S. 1974. (Wv)

Brandt, S.: Statistische Methoden der Datenanalyse. 267 S. 1968. (Bd. 816)

Breuer, H.: Algol-Fibel. 120 S. mit Abb. 1973. (Bd. 506)

Breuer, H.: Fortran-Fibel. 85 S. mit Abb. 1969. (Bd. 204)

Breuer, H.: PL/I-Fibel. 106 S. 1973. (Bd. 552)

Brosowski, B.: Nicht-lineare Tschebyscheff-Approximation. 153 S. 1968. (Bd. 808)

Brunner, G.: Homologische Algebra. 213 S. 1973. (Wv)

Bundke, W.: 12stellige Tafel der Legendre-Polynome. 352 S. 1967. (Bd. 320)

Cartan, H.: Differentialformen. 250 S. 1974. (Wv)

Cartan, H.: Differentialrechnung. 236 S. 1974. (Wv)

Cartan, H.: Elementare Theorie der analytischen Funktionen einer oder mehrerer komplexen Veränderlichen. 236 S. mit Abb. 1966. (Bd. 112)

Degen, W./K. Böhmer: Gelöste Aufgaben zur Differential- und Integralrechnung.
Band I: Eine reelle Veränderliche. 254 S. 1971. (Bd. 762)
Band II: Mehrere reelle Veränderliche. 111 S. 1971. (Bd. 763)

Dinghas, A.: Einführung in die Cauchy-Weierstraß'sche Funktionentheorie. 114 S. 1968. (Bd. 48)

Dombrowski, P.: Differentialrechnung I und Abriß der Linearen Algebra. 271 S. mit Abb. 1970. (Bd. 743)

Elsgolc, L. E.: Variationsrechnung. 157 S. mit Abb. 1970. (Bd. 431)

Eltermann, H.: Grundlagen der praktischen Matrizenrechnung. 128 S. mit Abb. 1969. (Bd. 434)

Erwe, F.: Differential- und Integralrechnung.
Band I: Differentialrechnung. 364 S. mit Abb. 1962. (Bd. 30)
Band II: Integralrechnung. 197 S. mit Abb. 1973. (Bd. 31)

Erwe, F.: Gewöhnliche Differentialgleichungen. 152 S. mit 11 Abb. 1964. (Bd. 19)

Erwe F./E. Peschl: Partielle Differentialgleichungen erster Ordnung. 133 S. 1973. (Bd. 87)

Gericke, H.: Geschichte des Zahlbegriffs. 163 S. mit Abb. 1970. (Bd. 172)

Gericke, H.: Theorie der Verbände. 174 S. mit Abb. 1963. (Bd. 38)

Gröbner, W.: Algebraische Geometrie.
Band I: Allgemeine Theorie der kommutativen Ringe und Körper. 193 S. 1968. (Bd. 273)
Band II: Arithmetische Theorie der Polynomringe. XI, 269 S. 1970. (Bd. 737)

Gröbner, W.: Matrizenrechnung. 276 S. mit Abb. 1966. (Bd. 103)

Gröbner, W./H. Knapp: Contributions to the Method of Lie Series. In englischer Sprache. 265 S. 1967. (Bd. 802)

Gröbner, W./P. Lesky: Mathematische Methoden der Physik.
Band I: 164 S. 1964. (Bd. 89)

Grotemeyer, K. P./E. Letzner/ R. Reinhardt: Topologie. 187 S. mit Abb. 1969. (Bd. 836)

Grotemeyer, K. P./L. Tschampel: Lineare Algebra. 237 S. 1970. (Bd. 732)

Gundlach, K.-B.: Einführung in die Zahlentheorie. 311 S. 1972. (Bd. 772)

Gunning, R. C.: Vorlesungen über Riemannsche Flächen. 276 S. 1972. (Bd. 837)

Hämmerlin, G.: Numerische Mathematik.
Band I: 194 S. 1970. (Bd. 498)

Hardtwig, E.: Fehler- und Ausgleichsrechnung. 262 S. mit Abb. 1968. (Bd. 262)

Heesch, H.: Untersuchungen zum Vierfarbenproblem. 290 S. mit Abb. 1969. (Bd. 810)

Heil, E.: Differentialformen. 207 S. 1974. (Wv)

Hellwig, G.: Höhere Mathematik.
Band I/1. Teil: Zahlen, Funktionen, Differential- und Integralrechnung einer unabhängigen Variablen. 284, IX S. 1971. (Bd. 553)
Band I/2. Teil: Theorie der Konvergenz, Ergänzungen zur Integralrechnung, das Stieltjes-Integral. 137 S. 1972. (Bd. 560)

Hengst, M.: Einführung in die mathematische Statistik und ihre Anwendung. 259 S. mit Abb. 1967. (Bd. 42)

Henze, E.: Einführung in die Maßtheorie. 235 S. 1971. (Bd. 505)

Hirzebruch, F./W. Scharlau: Einführung in die Funktionalanalysis. 178 S. 1971. (Bd. 296)

Holmann, H.: Lineare und multilineare Algebra.
Band I: 212 S. 1970. (Bd. 173)

Holmann, H./H. Rummler: Alternierende Differentialformen. 257 S. 1972. (Wv)

Hoschek, J.: Liniengeometrie. VI, 263 S. mit Abb. 1971. (Bd. 733)

Hoschek, J.: Mathematische Grundlagen der Kartographie. 167 S. mit Abb. 1969. (Bd. 443)

Hoschek, J./G. Spreitzer: Aufgaben zur Darstellenden Geometrie. 229 S. mit Abb. 1974. (Wv)

Hotz, G./V. Claus: Automatentheorie und formale Sprachen III: Formale Sprachen. 241 S. 1972. (Bd. 823)

Hotz, G./H. Walter: Automatentheorie und formale Sprachen I: Turingmaschinen und rekursive Funktionen. 184 S. 1968. (Bd. 821)

Ince, E. L.: Die Integration gewöhnlicher Differentialgleichungen. 180 S. 1965. (Bd. 67)

Jordan-Engeln, G./F. Reutter: Numerische Mathematik für Ingenieure. XIII, 352 S. mit Abb. 1973. (Bd. 104)

Kaiser, R./G. Gottschalk: Elementare Tests zur Beurteilung von Meßdaten. 68 S. 1972. (Bd. 774)

Kastner, G.: Einführung in die Mathematik für Naturwissenschaftler. 212 S. 1971. (Bd. 752)

Klingenberg, W./P. Klein: Lineare Algebra und analytische Geometrie.
Band I: Grundbegriffe, Vektorräume. XII, 288 S. 1971. (Bd. 748)
Band II: Determinanten, Matrizen, Euklidische und unitäre Vektorräume. XVIII, 404 S. 1972. (Bd. 749)

Klingenberg, W./P. Klein: Lineare Algebra und analytische Geometrie-Übungen zu Band I u. II. VIII, 172 S. 1973. (Bd. 750)

Kropp, G.: Vorlesungen über Geschichte der Mathematik. 194 S. mit Abb. 1969. (Bd. 413)

La Salle, J./S. Lefschetz: Die Stabilitätstheorie von Ljapunow – Die direkte Methode mit Anwendungen. 121 S. mit Abb. 1967. (Bd. 194)

Laugwitz, D.: Ingenieurmathematik.
Band I: Zahlen, analytische Geometrie, Funktionen. 158 S. mit Abb. 1964. (Bd. 59)
Band II: Differential- und Integralrechnung. 152 S. mit Abb. 1964. (Bd. 60)
Band III: Gewöhnliche Differentialgleichungen. 141 S. 1964. (Bd. 61)

Band IV: Fourier-Reihen, verallgemeinerte Funktionen, mehrfache Integrale, Vektoranalysis, Differentialgeometrie, Matrizen, Elemente der Funktionalanalysis. 196 S. mit Abb. 1967. (Bd. 62)

Band V: Komplexe Veränderliche. 158 S. mit Abb. 1965. (Bd. 93)

Laugwitz, D./C. Schmieden: Aufgaben zur Ingenieurmathematik. 182 S. 1966. (Bd. 95)

Laugwitz, D./H.-J. Vollrath: Schulmathematik vom höheren Standpunkt.
Band I: 195 S. mit Abb. 1969. (Bd. 118)

Lebedew, N. N.: Spezielle Funktionen und ihre Anwendung. 372 S. mit Abb. 1973. (Wv)

Lenz, H.: Nichteuklidische Geometrie. 235 S. mit Abb. 1967. (Bd. 123)

Lichnerowicz, A.: Einführung in die Tensoranalysis. 157 S. 1966. (Bd. 77)

Lighthill, M. J.: Einführung in die Theorie der Fourieranalysis und der verallgemeinerten Funktionen. 96 S. mit Abb. 1966 (Bd. 139)

Lingenberg, R.: Lineare Algebra. 161 S. mit Abb. 1969. (Bd. 828)

Lorenzen, P.: Metamathematik. 173 S. 1962. (Bd. 25)

Martensen, E.: Analysis.
Band I: Infinitesimalrechnung für Funktionen einer reellen Veränderlichen. 200 S. mit Abb. 1969. (Bd. 832)
Band II: Infinitesimalrechnung für Funktionen mehrerer reeller und einer komplexen Veränderlichen. 201 S. 1969. (Bd. 833)
Band III: Gewöhnliche Differentialgleichungen. V, 209 S. 1971. (Bd. 834)
Band V: Funktionalanalysis und Integralgleichungen. VI, 275 S. 1972. (Bd. 768)

Mell, W.-D./P. Preus/ P. Sandner: Einführung in die Programmiersprache PL/I. 300 S. 1974. (Bd. 785)

Meschkowski, H.: Einführung in die moderne Mathematik. 214 S. mit Abb. 1971. (Bd. 75)

Meschkowski, H.: Grundlagen der Euklidischen Geometrie. 231 S. mit Abb. 1974. (Wv)

Meschkowski, H.: Mathematiker-Lexikon. 328 S. mit Abb. 1973. (Wv)

Meschkowski, H.: Mathematisches Begriffswörterbuch. 310 S. mit Abb. 1971. (Bd. 99)

Meschkowski, H.: Mehrsprachenwörterbuch mathematischer Begriffe. 135 S. 1972 (Wv)

Meschkowski, H.: Reihenentwicklungen in der mathematischen Physik. 151 S. mit Abb. 1963. (Bd. 51)

Meschkowski, H.: Unendliche Reihen. 160 S. mit Abb. 1962. (Bd. 35)

Meschkowski, H.: Wahrscheinlichkeitsrechnung. 233 S. mit Abb. 1968. (Bd. 285)

Meschkowski, H./I. Ahrens: Theorie der Punktmengen. 175 S. mit Abb. 1974. (Wv)

Meschkowski, H./G. Lessner: Aufgabensammlung zur Einführung in die moderne Mathematik. 136 S. mit Abb. 1969 (Bd. 263)

Müller, D.: Programmierung elektronischer Rechenanlagen. 249 S. mit Abb. 1969. (Bd. 49)

Müller, K. H./I. Streker: Fortran-Programmierungsanleitung. 140 S. 1970. (Bd. 804)

Neukirch, J.: Klassenkörpertheorie. 308 S. 1970. (Bd. 713)

Noble, B.: Numerisches Rechnen.
Band I: Iteration, Programmierung und algebraische Gleichungen. 154 S. mit Abb. 1966. (Bd. 88)
Band II: Differenzen, Integration und Differentialgleichungen. 246 S. 1973. (Bd. 147)

Oberschelp, A.: Elementare Logik und Mengenlehre. Band I:
Etwa 256 S. 1974. (Bd. 407)

Patterson, E. M./D. E. Rutherford: Einführung in die abstrakte Algebra. 175 S. 1966. (Bd. 146)

Peschl, E.: Analytische Geometrie und Lineare Algebra. 200 S. mit Abb. 1968. (Bd. 15)

Peschl, E.: Differentialgeometrie. 92 S. 1973. (Bd. 80)

Peschl, E.: Funktionentheorie.
Band I: 274 S. mit Abb. 1967. (Bd. 131)

Pflaumann, E./H. Unger: Funktionalanalysis.
Band I: Einführung in die Grundbegriffe in Räumen einfacher Struktur. 240 S. 1974. (Wv)
Band II: Abbildungen (Operatoren). 338 S. 1974. (Wv)

Pumplün, D./H. Röhrl: Kategorien. Etwa 340 S. 1974. (Wv)

Reiffen, H.-J./G. Scheja/U. Vetter: Algebra. 272 S. mit Abb. 1969. (Bd. 110)

Reiffen, H.-J./H. W. Trapp: Einführung in die Analysis.
Band I: Mengentheoretische Topologie. IX, 320 S. 1972. (Bd. 776)
Band II: Theorie der analytischen und differenzierbaren Funktionen. 260 S. 1973. (Bd. 786)
Band III: Maß- und Integrationstheorie. 369 S. 1973. (Bd. 787)

Rohlfing, H.: SIMULA. 243 S. mit Abb. 1973. (Bd. 747)

Rottmann, K.: Mathematische Formelsammlung. 176 S. mit Abb. 1962. (Bd. 13)

Rottmann, K.: Mathematische Funktionstafeln. 208 S. 1959. (Bd. 14)

Rottmann, K.: Siebenstellige dekadische Logarithmen. 194 S. 1960. (Bd. 17)

Rottmann, K.: Siebenstellige Logarithmen der trigonometrischen Funktionen. 440 S. 1961. (Bd. 26)

Rottmann, K.: Winkelfunktionen und logarithmische Funktionen. 273 S. 1966. (Bd. 113)

Sawyer, W. W.: Eine konkrete Einführung in die abstrakte Algebra. 204 S. mit Abb. 1970. (Bd. 492)

Schmidt, J.: Mengenlehre (Einführung in die axiomatische Mengenlehre).
Band I: 260 S. mit Abb. 1973. (Bd. 56)

Schwabhäuser, W.: Modelltheorie.
Band II: 123 S. 1972. (Bd. 815)

Schwartz, L.: Mathematische Methoden der Physik.
Band I: Summierbare Reihen, Lebesque-Integral, Distributionen, Faltung. 184 S. 1974. (Wv)

Schwarz, W.: Einführung in die Siebmethoden der analytischen Zahlentheorie. 215 S. 1974. (Wv)

Schwarz, W.: Einführung in Methoden und Ergebnisse der Primzahltheorie. 227 S. 1969. (Bd. 278)

Scriba, Ch. J./D. Ellis: The Concept of Number. 216 S. mit Abb. 1968. (Bd. 825)

Siegel, C. L.: Transzendente Zahlen 87 S. 1967. (Bd. 137)

Sneddon, I. N.: Spezielle Funktionen der mathematischen Physik und Chemie. 166 S. mit 14 Abb. 1963. (Bd. 54)

Tamaschke, O.: Permutationsstrukturen. 276 S. 1969. (Bd. 710)

Tamaschke, O.: Projektive Geometrie.
Band I: 241 S. 1969. (Bd. 829)
Band II: XI, 397 S. mit Abb. 1972. (Bd. 838)

Tamaschke, O.: Schur-Ringe. 240 S. mit Abb. 1970. (Bd. 735)

Teichmann, H.: Physikalische Anwendungen der Vektor- und Tensorrechnung. 231 S. mit 64 Abb. 1968. (Bd. 39)

Tropper, A. M.: Matrizenrechnung in der Elektrotechnik. 99 S. mit Abb. 1964. (Bd. 91)

Uhde, K.: Spezielle Funktionen der mathematischen Physik.
Band I: Zylinderfunktionen. 267 S. 1964. (Bd. 55)
Band II: Elliptische Integrale, Thetafunktionen, Legendre-Polynome, Laguerresche Funktionen u. a. 211 S. 1964. (Bd. 76)

Valentine, F. A.: Konvexe Mengen. 247 S. mit Abb. 1968. (Bd. 402)

Volkovyskii, L. I./G. L. Lunts/ I. G. Aramanovich: Aufgaben und Lösungen zur Funktionentheorie.
Band I: Komplexe Zahlen, Konforme Abbildungen, Integrale, Potenzreihen, Laurentreihen. 170 S. mit Abb. 1973. (Bd. 195)
Band II: Residuen und ihre Anwendung, analytische Fortsetzung, Anwendungen in Hydrodynamik, Elektrostatik, Wärmeleitung. 250 S. mit Abb. 1974. (Bd. 212)

Wagner, K.: Graphentheorie. 220 S. mit Abb. 1970. (Bd. 248)

Walter, W.: Einführung in die Potentialtheorie. 174 S. 1971. (Bd. 765)

Walter, W.: Einführung in die Theorie der Distributionen. 211 S. mit Abb. 1974. (Wv)

Wanner, G.: Integration gewöhnlicher Differentialgleichungen. 182 S. mit Abb. 1969. (Bd. 831)

Weizel, R./J. Weyland: Gewöhnliche Differentialgleichungen – Formelsammlung mit Lösungsmethoden und Lösungen. 194 S. mit Abb. 1974. (Wv)

Wloka, J./A. Voigt: Hilberträume und elliptische Differentialoperatoren. Etwa 320 S. 1974. (Wv)

Wollny, W.: Reguläre Parkettierung der euklidischen Ebene durch unbeschränkte Bereiche. 316 S. mit Abb. 1970. (Bd. 711)

Wunderlich, W.: Darstellende Geometrie.
Band I: 187 S. mit Abb. 1966. (Bd. 96)
Band II: 234 S. mit Abb. 1967. (Bd. 133)

Mathematische Forschungsberichte Oberwolfach

**Barner, M./W. Schwarz (Hrsg.):
Zahlentheorie.** 235 S. 1971.
(M.F.O. 5).

**Dörr, J./G. Hotz (Hrsg.):
Automatentheorie und formale
Sprache.** 505 S. 1970. (M.F.O. 3)

**Hasse, H./P. Roquette (Hrsg.):
Algebraische Zahlentheorie.** 272 S.
1966. (M.F.O. 2)

**Klingenberg, W. (Hrsg.):
Differentialgeometrie im Großen.**
351 S. 1971. (M.F.O. 4)

Physik

**Barut, A. O.: Die Theorie der
Streumatrix für die
Wechselwirkungen fundamentaler
Teilchen.**
Band I: 225 S. mit Abb. 1971.
(Bd. 438)
Band II: 212 S. mit Abb. 1971.
(Bd. 555)

**Bensch, F./C. M. Fleck:
Neutronenphysikalisches
Praktikum.**
Band I: Physik und Technik der
Aktivierungssonden. 234 S. mit Abb.
1968. (Bd. 170)
Band II: Ausgewählte Versuche und
ihre Grundlagen. 182 S. mit Abb. 1968.
(Bd. 171)

**Bjorken, J. D./S. D. Drell:
Relativistische Quantenmechanik.**
312 S. mit Abb. 1966. (Bd. 98)

**Bodenstedt, E.: Experimente der
Kernphysik und ihre Deutung.**
Band I: 290 S. mit Abb. 1972. (Wv).
Band II: XIV, 293 S. mit Abb. 1973.
(Wv)
Band III: 288 S. mit Abb. 1973. (Wv)

**Borucki, H.: Einführung in die
Akustik.** 236 S. mit Abb. 1973. (Wv)

**Chintschin, A. J.: Mathematische
Grundlagen der statistischen
Mechanik.** 175 S. 1964. (Bd. 58)

**Donner, W.: Einführung in die
Theorie der Kernspektren.**
Band I: Grundeigenschaften der
Atomkerne, Schalenmodell,
Oberflächenschwingungen und
Rotationen. 197 S. mit Abb. 1971.
(Bd. 473)

Band II: Erweiterung des Schalenmodells, Riesenresonanzen. 107 S. mit Abb. 1971. (Bd. 556)

Dreisvogt, H.: Spaltprodukt-Tabellen. 188 S. mit Abb. 1974. (Wv)

Eder, G.: Elektrodynamik. 273 S. mit Abb. 1967. (Bd. 233)

Eder, G.: Quantenmechanik.
Band I: 324 S. 1968. (Bd. 264)

Eisenbud, L./E. P. Wigner: Einführung in die Kernphysik. 145 S. mit 15 Abb. 1961. (Bd. 16)

Emendörfer, D./K. H. Höcker: Theorie der Kernreaktoren.
Band I: Kernbau und Kernspaltung, Wirkungsquerschnitte, Neutronenbremsung und -thermalisierung. 232 S. mit Abb. 1969. (Bd. 411)
Band II: Neutronendiffusion (Elementare Behandlung und Transporttheorie). 147 S. mit Abb. 1970. (Bd. 412)

Feynman, R. P.: Quantenelektrodynamik. 249 S. mit Abb. 1969. (Bd. 401)

Fick, D.: Einführung in die Kernphysik mit polarisierten Teilchen. VI, 255 S. mit Abb. 1971. (Bd. 755)

Gasiorowicz, S.: Elementarteilchenphysik. Etwa 600 S. mit Abb. 1974. (Wv)

Groot, S. R. de: Thermodynamik irreversibler Prozesse. 216 S. mit 4 Abb. 1960. (Bd. 18)

Groot, S. R. de/P. Mazur: Anwendung der Thermodynamik irreversibler Prozesse. 349 S. mit Abb. 1974. (Wv)

Groot, S. R. de/P. Mazur: Grundlagen der Thermodynamik irreversibler Prozesse. 217 S. 1969. (Bd. 162)

Heisenberg, W.: Physikalische Prinzipien der Quantentheorie. 117 S. mit Abb. 1958. (Bd. 1)

Hesse, K.: Halbleiter. Eine elementare Einführung.
Band I: 249 S. mit 116 Abb. 1974. (Bd. 788)

Huang, K.: Statistische Mechanik.
Band III: 162 S. 1965. (Bd. 70)

Hund, F.: Geschichte der physikalischen Begriffe. 410 S. 1972. (Bd. 543)

Hund, F.: Grundbegriffe der Physik. 234 S. mit Abb. 1969. (Bd. 449)

Källén, G./J. Steinberger: Elementarteilchenphysik. Etwa 700 S. mit Abb. 1974. (Wv)

Kertz, W.: Einführung in die Geophysik.
Band I: Erdkörper. 232 S. mit Abb. 1969. (Bd. 275)
Band II: Obere Atmosphäre und Magnetosphäre. 210 S. mit Abb. 1971. (Bd. 535)

Libby, W. F./F. Johnson: Altersbestimmung mit der C^{14}-Methode. 205 S. mit Abb. 1969. (Bd. 403)

Lipkin, H. J.: Anwendung von Lieschen Gruppen in der Physik. 177 S. mit Abb. 1967. (Bd. 163)

Luchner, K.: Aufgaben und Lösungen zur Experimentalphysik.
Band I: Mechanik, geometrische Optik, Wärme. 158 S. mit Abb. 1967. (Bd. 155)
Band II: Elektromagnetische Vorgänge. 150 S. mit Abb. 1966. (Bd. 156)
Band III: Grundlagen zur Atomphysik. 125 S. mit Abb. 1973. (Bd. 157)

Lüscher, E.: Experimentalphysik.
Band I: Mechanik, geometrische Optik, Wärme.
1. Teil: 260 S. mit Abb. 1967. (Bd. 111)
Band I/2. Teil: 215 S. mit Abb. 1967. (Bd. 114)

Band II: Elektromagnetische Vorgänge. 336 S. mit Abb. 1966. (Bd. 115)
Band III: Grundlagen zur Atomphysik. **1. Teil**: 177 S. mit Abb. 1970. (Bd. 116)
Band III/2. Teil: 160 S. mit Abb. 1970. (Bd. 117)

Lynton, E. A.: Supraleitung. 205 S. mit 53 Abb. 1966. (Bd. 74)

Mittelstaedt, P.: Philosophische Probleme der modernen Physik. 215 S. mit 12 Abb. 1972. (Bd. 50)

Mitter, H.: Quantentheorie. 316 S. mit Abb. 1969. (Bd. 701)

Möller, F.: Einführung in die Meteorologie.
Band I: 222 S. mit Abb. 1973. (Bd. 276)
Band II: 223 S. mit Abb. 1973. (Bd. 288)

Neuert, H.: Experimentalphysik für Mediziner, Zahnmediziner, Pharmazeuten und Biologen. 292 S. mit Abb. 1969. (Bd. 712)

Rollnik, H.: Teilchenphysik.
Band I: Grundlegende Eigenschaften von Elementarteilchen. 188 S. mit Abb. 1971. (Bd. 706)
Band II: Innere Symmetrien der Elementarteilchen. 158 S. mit Abb. z. T. farbig. 1971. (Bd. 759)

Rose, M. E.: Relativistische Elektronentheorie.
Band I: 193 S. mit Abb. 1971. (Bd. 422)
Band II: 171 S. mit Abb. 1971. (Bd. 554)

Scherrer, P./P. Stoll: Physikalische Übungsaufgaben.
Band I: Mechanik und Akustik. 96 S. mit 44 Abb. 1962. (Bd. 32)
Band II: Optik, Thermodynamik, Elektrostatik. 103 S. mit Abb. 1963. (Bd. 33)
Band III: Elektrizitätslehre, Atomphysik. 103 S. mit Abb. 1964. (Bd. 34)

Schulten, R./W. Güth: Reaktorphysik.
Band II: 164 S. mit Abb. 1962. (Bd. 11)

Schultz-Grunow, F. (Hrsg.): Elektro- und Magnetohydrodynamik. 308 S. mit Abb. 1968. (Bd. 811)

Schwartz, L.: Mathematische Methoden der Physik.
Band I: 184 S. 1974. (Wv)

Seiler, H.: Abbildungen von Oberflächen mit Elektronen, Ionen und Röntgenstrahlen. 131 S. mit Abb. 1968 (Bd. 428).

Süßmann, G.: Einführung in die Quantenmechanik.
Band I: 205 S. mit Abb. 1963. (Bd. 9)

Streater, R. F./A. S. Wightman: Die Prinzipien der Quantenfeldtheorie. 235 S. mit Abb. 1969. (Bd. 435)

Teichmann, H.: Einführung in die Atomphysik. 135 S. mit 47 Abb. 1966. (Bd. 12)

Teichmann, H.: Halbleiter. 156 S. mit Abb. 1969. (Bd. 21)

Thouless, D. J.: Quantenmechanik der Vielteilchensysteme. 208 S. mit Abb. 1964. (Bd. 52)

Wagner, C.: Methoden der naturwissenschaftlichen und technischen Forschung. Etwa 224 S. mit Abb. 1974 (Wv)

Wegener, H.: Der Mößbauer-Effekt und seine Anwendung in Physik und Chemie. 226 S. mit Abb. 1965. (Bd. 2)

Wehefritz, V.: Physikalische Fachliteratur. 171 S. 1969. (Bd. 440)

Weizel, W.: Einführung in die Physik.
Band I: Mechanik und Wärme. 174 S. mit Abb. 1963. (Bd. 3)
Band II: Elektrizität und Magnetismus. 180 S. mit Abb. 1963. (Bd. 4)
Band III: Optik und Atomphysik. 194 S. mit Abb. 1963. (Bd. 5)

Weizel, W.: **Physikalische Formelsammlung.**
Band I: Mechanik, Strömungslehre, Elektrodynamik. 175 S. mit Abb. 1962. (Bd. 28)
Band II: Optik, Thermodynamik, Relativitätstheorie. 148 S. 1964. (Bd. 36)
Band III: Quantentheorie. 196 S. 1966. (Bd. 37)

Astronomie

Becker, F.: Geschichte der Astronomie. 201 S. mit Abb. 1968. (Bd. 298)

Bohrmann, A.: Bahnen künstlicher Satelliten. 163 S. mit Abb. 1966. (Bd. 40)

Bucerius, H./M. Schneider: Vorlesungen über Himmelsmechanik.
Band I: Bahnbestimmungen. Mehrkörperprobleme, Störungstheorie. 207 S. mit Abb. 1966. (Bd. 143)
Band II: Hamiltonsche Mechanik, die Erde als Kreisel, Theorie der Gleichgewichtsfiguren, Einsteinsche Gravitationstheorie. 262 S. mit Abb. 1967. (Bd. 144)

Giese, R.-H.: Erde, Mond und benachbarte Planeten. 250 S. mit Abb. 1969. (Bd. 705)

Giese, R.-H.: Weltraumforschung.
Band I: 221 S. mit Abb. 1966. (Bd. 107)

Scheffler, H./H. Elsässer: Physik der Sterne und der Sonne. 535 S. mit Abb. 1974. (Wv)

Schurig, R./P. Götz/K. Schaifers: Himmelsatlas (Tabulae caelestes). 8. Aufl. 1960. (Wv)

Zimmermann, O.: Astronomische Übungsaufgaben. 116 S. mit Abb. 1966. (Bd. 127)

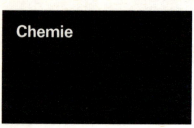

Chemie

Cordes, J. F. (Hrsg.): Chemie und ihre Grenzgebiete. 199 S. mit Abb. 1970. (Bd. 715)

Freise, V.: Chemische Thermodynamik. 288 S. mit Abb. 1972. (Bd. 213)

Grimmer, G.: Biochemie. 376 S. mit Abb. 1969. (Bd. 187)

Kaiser, R.: Chromatographie in der Gasphase.
Band I: Gas-Chromatographie. 220 S. mit Abb. 1973. (Bd. 22)
Band II: Kapillar-Chromatographie. 339 S. mit Abb. 1974. (Bd. 23)
Band III: Tabellen.
1. Teil: 181 S. mit Abb. 1969. (Bd. 24)
Band III/2. Teil: 165 S. mit Abb. 1969. (Bd. 468)
Band IV: Quantitative Auswertung.
1. Teil: 185 S. mit Abb. 1969. (Bd. 92)
Band IV/2. Teil: 118 S. mit Abb. 1969 (Bd. 472)

Laidler, K. J.: Reaktionskinetik.
Band I: Homogene Gasreaktionen. 216 S. mit Abb. 1970. (Bd. 290)
Band II: Reaktionen in Lösung. 169 S. 1973. (Bd. 291)

Murrell, J. N.: Elektronenspektren organischer Moleküle. 359 S. mit Abb. 1967. (Bd. 250)

Preuß, H.: Quantentheoretische Chemie.
Band I: Die halbempirischen Regeln. 94 S. mit Abb. 1963. (Bd. 43)
Band II: Der Übergang zur Wellenmechanik, die allgemeinen Rechenverfahren. 238 S. mit Abb. 1965. (Bd. 44)

Band III: Wellenmechanische und methodische Ausgangspunkte. 222 S. mit Abb. 1967. (Bd. 45)

Riedel, L.: Physikalische Chemie – Eine Einführung für Ingenieure. 406 S. mit Abb. 1974. (Wv)

Schmidt, M.: Anorganische Chemie.
Band I: Hauptgruppenelemente. 301 S. mit Abb. 1967. (Bd. 86)
Band II: Übergangsmetalle. 221 S. mit Abb. 1969. (Bd. 150)

Schneider, G.: Pharmazeutische Biologie. Etwa 380 S. 1974. (Wv)

Staude, H.: Photochemie. 159 S. mit 40 Abb. 1966. (Bd. 27)

Steward, F. C./A. D. Krikorian/K.-H. Neumann: Pflanzenleben. 268 S. mit Abb. 1969. (Bd. 145)

Wagner, C.: Methoden der naturwissenschaftlichen und technischen Forschung. Etwa 224 S. mit Abb. 1974 (Wv)

Wilk, M.: Organische Chemie. 372 S. mit Abb. 1970. (Bd. 71)

Ingenieurwissenschaften

Beneking, H.: Praxis des Elektronischen Rauschens. 255 S. mit Abb. 1971. (Bd. 734)

Billet, R.: Grundlagen der thermischen Flüssigkeitszerlegung. 150 S. mit Abb. 1962. (Bd. 29)

Billet, R.: Optimierung in der Rektifiziertechnik unter besonderer Berücksichtigung der Vakuumrektifikation. 129 S. mit Abb. 1967. (Bd. 261)

Billet, R.: Trennkolonnen für die Verfahrenstechnik. 151 S. mit Abb. 1971. (Bd. 548)

Böhm, H.: Einführung in die Metallkunde. 236 S. mit Abb. 1968. (Bd. 196)

Bosse, G.: Grundlagen der Elektrotechnik.
Band I: Das elektrostatische Feld und der Gleichstrom. 141 S. mit Abb. 1966. Unter Mitarbeit von W. Mecklenbräuker. (Bd. 182)
Band II: Das magnetische Feld und die elektromagnetische Induktion. 153 S. mit Abb. 1967. Unter Mitarbeit von G. Wiesemann. (Bd. 183)
Band III: Wechselstromlehre, Vierpol- und Leitungstheorie. 136 S. 1969. Unter Mitarbeit von A. Glaab. (Bd. 184)
Band IV: Drehstrom, Ausgleichsvorgänge in linearen Netzen. 164 S. mit Abb. 1973. Unter Mitarbeit von J. Hagenauer. (Bd. 185)

Czerwenka, G./W. Schnell: Einführung in die Rechenmethoden des Leichtbaus.
Band I: Einführung bis zur Spannungsverteilung im dünnwandigen Träger bei drillfreier Biegung und biegefreier Drillung. 193 S. mit Abb. 1967. (Bd. 124)
Band II: Stabilität dünnwandiger Stäbe, Flächentragwerke, Schalen, Krafteinleitungsprobleme. 175 S. mit Abb. 1970. (Bd. 125)

Denzel, P.: Dampf- und Wasserkraftwerke. 231 S. mit Abb. 1968. (Bd. 300)

Feldtkeller, E.: Dielektrische und magnetische Materialeigenschaften.
Band I: 242 S. mit Abb. 1973. (Bd. 485)
Band II: 188 S. mit Abb. 1974. (Bd. 488)

Fischer, F. A.: Einführung in die statistische Übertragungstheorie. 187 S. 1969. (Bd. 130)

Glaab, A./J. Hagenauer: Übungen in Grundlagen der Elektrotechnik III, IV. 228 S. mit Abb. 1973. (Bd. 780)

Großkopf, J.: Wellenausbreitung.
Band I: Grundbegriffe, die bodennahe und troposphärische Ausbreitung. 215 S. mit Abb. 1970. (Bd. 141)
Band II: Die ionosphärische Ausbreitung. 262 S. mit Abb. 1970. (Bd. 539)

Groth, K./G. Rinne: Grundzüge des Kolbenmaschinenbaues.
Band I: 166 S. mit Abb. 1971. (Bd. 770)

Heilmann, A.: Antennen.
Band I: Einführung, lineare Strahler, Kenngrößen von Antennen. 164 S. mit Abb. 1970. (Bd. 140)
Band II: Strahlergruppen, strahlende Flächen, Strahlungskopplung. 219 S. mit Abb. 1970. (Bd. 534)
Band III: Spezielle (u. a. Linsen-, Spiegel-, Schlitz-)Antennen. 184 S. mit Abb. 1970. (Bd. 540)

Jordan-Engeln, G./F. Reutter: Formelsammlung zur numerischen Mathematik. 316 S. mit Abb. 1974. (Bd. 106)

Jordan-Engeln, G./F. Reutter: Numerische Mathematik für Ingenieure. XIII, 352 S. mit Abb. 1973. (Bd. 104)

Klein, W.: Vierpoltheorie. 159 S. mit Abb. 1972. (Wv)

Klingbeil, E.: Tensorrechnung für Ingenieure. 197 S. mit Abb. 1966. (Bd. 197)

Lippmann, H.: Schwingungslehre. 264 S. mit Abb. 1968. (Bd. 189)

MacFarlane, A. G. J.:Analyse technischer Systeme. 312 S. mit Abb. 1967. (Bd. 81)

Mahrenholtz, O.: Analogrechnen in Maschinenbau und Mechanik. 208 S. mit Abb. 1968. (Bd. 154)

Mesch, F. (Hrsg.): Meßtechnisches Praktikum. 224 S. mit Abb. 1970. (Bd. 736)

Pestel, E.: Technische Mechanik.
Band I: Statik. 284 S. mit Abb. 1969 (Bd. 205)
Band II: Kinematik und Kinetik.
1. Teil: 196 S. mit Abb. 1969. (Bd. 206)
Band II/2. Teil: 204 S. mit Abb. 1971. (Bd. 207)

Pestel, E./G. Liebau (Hrsg.): Phänomene der pulsierenden Strömung im Blutkreislauf aus technologischer, physiologischer und klinischer Sicht. VIII, 124 S. 1970. (Bd. 738)

Piefke, G.: Feldtheorie.
Band I: 265 S. mit Abb. 1971. (Bd. 771)
Band II: 231 S. mit Abb. 1973. (Bd. 773)

Prassler, H.: Energiewandler der Starkstromtechnik.
Band I: 178 S. mit Abb. 1969. (Bd. 199)

Prassler, H./A. Priess: Aufgabensammlung zur Starkstromtechnik (Energiewandler der Starkstromtechnik) mit Lösungen.
Band I: 192 S. mit Abb. 1967. (Bd. 198)

Rößger, E./K.-B. Hünermann: Einführung in die Luftverkehrspolitik. 165, LIV S. mit Abb. 1969. (Bd. 824)

Sagirow, P.: Satellitendynamik. 191 S. 1970. (Bd. 719)

Schrader, K.-H.: Die Deformationsmethode als Grundlage einer problemorientierten Sprache. 137 S. mit Abb. 1969. (Bd. 830)

Stüwe, H.-P.: Einführung in die Werkstoffkunde. 192 S. mit Abb. 1969. (Bd. 467)

Stüwe, H.-P./G. Vibrans: Feinstrukturuntersuchungen in der Werkstoffkunde. 138 S. mit Abb. 1974. (Wv)

Wasserrab, Th.: Gaselektronik.
Band I: Atomtheorie. 223 S. mit Abb. 1971. (Bd. 742)
Band II: Niederdruckentladungen, Technik der Gasentladungsventile. 230 S. mit Abb. 1972. (Bd. 769)

Weh, H.: Elektrische Netzwerke und Maschinen in Matrizendarstellung. 309 S. mit Abb. 1968. (Bd. 108)

Wiesemann, G./W. Mecklenbräuker: Übungen in Grundlagen der Elektrotechnik.
Band I: 179 S. mit Abb. 1973. (Bd. 778)

Wolff, I.: Grundlagen und Anwendungen der Maxwellschen Theorie.
Band I: Mathematische Grundlagen, die Maxwellschen Gleichungen, Elektrostatik. 326 S. mit Abb. 1968. (Bd. 818)
Band II: Strömungsfelder, Magnetfelder, quasistationäre Felder, Wellen. 263 S. mit Abb. 1970. (Bd. 731)

Wunderlich, W.: Ebene Kinematik. 263 S. mit Abb. 1970. (Bd. 447)

Philosophie

Literatur und Sprache

Glaser, I.: Sprachkritische Untersuchungen zum Strafrecht am Beispiel der Zurechnungsfähigkeit. 131 S. 1970. (Bd. 516)

Kamlah, W.: Philosophische Anthropologie. 192 S. 1973. (Bd. 238)

Kamlah, W.: Utopie, Eschatologie, Geschichtsteleologie. 106 S. 1969. (Bd. 461).

Kamlah, W./P. Lorenzen: Logische Propädeutik. Vorschule des vernünftigen Redens. 239 S. 1973. (Bd. 227)

Leinfellner, W.: Einführung in die Erkenntnis- und Wissenschaftstheorie. 226 S. 1967. (Bd. 41)

Lorenzen, P.: Normative Logic and Ethics. 89 S. 1969. (Bd. 236)

Lorenzen, P./O. Schwemmer: Konstruktive Logik, Ethik und Wissenschaftstheorie. 256 S. mit Abb. 1973. (Bd. 700)

Mittelstaedt, P.: Die Sprache der Physik. 139 S. 1972. (Wv)

Mittelstaedt, P.: Philosophische Probleme der modernen Physik. 215 S. mit Abb. 1972. (Bd. 50)

Kraft, H.: Andreas Streichers Schiller-Biographie. 464 S. mit Abb. 1974. (Wv)

Storz, G.: Klassik und Romantik. 247 S. 1972. (Wv)

Trojan, F./H. Schendl: Biophonetik. Etwa 260 S. 1974. (Wv)

Geographie – Geologie – Völkerkunde

Bülow, K. v.: Die Mondlandschaften. 230 S. mit Abb. 1969. (Bd. 362)

Ganssen, R.: Grundsätze der Bodenbildung. 135 S. mit Zeichnungen und einer mehrfarbigen Tafel. 1965. (Bd. 327)

Ganssen, R.: Trockengebiete. 186 S. mit mehrfarbigen Darstellungen. 1968. (Bd. 354)

Gierloff-Emden, H.-G./ H. Schroeder-Lanz: Luftbildauswertung.
Band I: Grundlagen. 154 S. mit Abb. 1970. (Bd. 358)
Band II: Optische Begriffe. 157 S. mit Abb. 1970. (Bd. 367)
Band III: Anwendungen. 217 S. mit Abb. 1971. (Bd. 368)

Henningsen, D.: Paläogeographische Ausdeutung vorzeitlicher Ablagerungen. 170 S. mit Abb. 1969. (Bd. 839)

Herrmann, F.: Völkerkunde Australiens. 250 S. mit Abb. 1967. (Bd. 337)

Hirschberg, W./A. Janata/W. P. Bauer/Ch. F. Feest: Technologie und Ergologie in der Völkerkunde. 321 S. mit Strichzeichnungen. 1966. (Bd. 338)

Kertz, W.: Einführung in die Geophysik.
Band I: Erdkörper. 232 S. mit Abb. 1969. (Bd. 275)
Band II: Obere Atmosphäre und Magnetosphäre. 210 S. mit Abb. 1971. (Bd. 535)

Lindig, W.: Vorgeschichte Nordamerikas. 399 S. mit Abb. 1973. (Wv)

Möller, F.: Einführung in die Meteorologie.
Band I: Meteorologische Elementarphänomene. 222 S. mit Abb. und 6 Farbtafeln. 1973. (Bd. 276)
Band II: Komplexe meteorologische Phänomene. 223 S. mit Abb. 1973. (Bd. 288)

Schaarschmidt, F.: Paläobotanik.
Band I: 121 S. mit Abb. und Farbtafeln. 1968. (Bd. 357)
Band II: 102 S. mit Abb. und Farbtafeln. 1968. (Bd. 359)

Schmithüsen, J.: Geschichte der Geographischen Wissenschaft von den ersten Anfängen bis zum Ende des 18. Jahrhunderts. 190 S. 1970. (Bd. 363)

Schwidetzky, I.: Grundlagen der Rassensystematik. 180 S. mit Abb. 1974. (Wv)

Wunderlich, H.-G.: Bau der Erde, Geologie der Kontinente und Meere.
Band I: Afrika, Amerika, Europa. 151 S., Tabellen und farbige Abb. 1973. (Wv)

Wunderlich, H.-G.: Einführung in die Geologie.
Band I: Exogene Dynamik. 214 S. mit Abb. und farbigen Bildern. 1968. (Bd. 340)
Band II: Endogene Dynamik. 231 S. mit Abb. und farbigen Bildern. 1968. (Bd. 341)

Wunderlich, H.-G.: Wesen und Ursachen der Gebirgsbildung. 367 S. mit Abb. 1966. (Bd. 339)

B.I.-Hochschulatlanten

Dietrich, G./J. Ulrich (Hrsg.): Atlas zur Ozeanographie. 1968 (Bd. 307)

Ganssen, R./F. Hädrich (Hrsg.): Atlas zur Bodenkunde. 1965 (Bd. 301)

Schaifers, K. (Hrsg.): Atlas zur Himmelskunde. 1969 (Bd. 308)

Schmithüsen, J./R. Hegner (Hrsg.): Atlas zur Biogeographie. 1974 (Bd. 303)

Wagner, K. (Hrsg.): Atlas zur Physischen Geographie (Orographie). 1971 (Bd. 304)

Reihe: Methoden und Verfahren der mathematischen Physik

Herausgegeben von Prof. Dr. Bruno Brosowski, Universität Göttingen, und Prof. Dr. Erich Martensen, Universität Karlsruhe.

Diese Reihe bringt Originalarbeiten aus dem Gebiet der angewandten Mathematik und der mathematischen Physik für Mathematiker, Physiker und Ingenieure.

Band 1: 183 S. mit Abb. 1969. (Bd. 720)
Band 2: 179 S. mit Abb. 1970. (Bd. 721)
Band 3: 176 S. mit Abb. 1970. (Bd. 722)
Band 4: 177 S. 1971. (Bd. 723)
Band 5: 199 S. 1971. (Bd. 724)
Band 6: 163 S. 1972. (Bd. 725)
Band 7: 176 S. 1972. (Bd. 726)
Band 8: 222 S. mit Abb. 1973. (Wv)
Band 9: 201 S. mit Abb. 1973. (Wv)
Band 10: 184 S. 1973. (Wv)
Band 11: 186 S. mit Abb. 1974. (Wv)

Reihe: Überblicke Mathematik

Herausgegeben von Prof. Dr. Detlef Laugwitz, Techn. Hochschule Darmstadt.

Diese Reihe bringt kurze und klare Übersichten über neuere Entwicklungen der Mathematik und ihrer Randgebiete für Nicht-Spezialisten.

Band 1: 213 S. mit Abb. 1968. (Bd. 161)
Band 2: 210 S. mit Abb. 1969. (Bd. 232).
Band 3: 157 S. mit Abb. 1970. (Bd. 247).
Band 4: 123 S. 1972 (Wv)
Band 5: 186 S. 1972 (Wv)
Band 6: 242 S. mit Abb. 1973. (Wv)
Band 7: 265, II S. mit Abb. 1974. (Wv)

Reihe: Mathematik für Physiker

Herausgegeben von Prof. Dr. Detlef Laugwitz, Techn. Hochschule Darmstadt, Prof. Dr. Peter Mittelstaedt, Universität Köln, Prof. Dr. Horst Rollnik, Universität Bonn, Prof. Dr. Georg Süßmann, Universität München.

Diese Reihe ist in erster Linie für Leser bestimmt, denen die Beschäftigung mit der Mathematik nicht Selbstzweck ist. Besonderer Wert wird darauf gelegt, mit Beispielen und Motivationen den speziellen Anforderungen der Physiker zu genügen.

Band 1: Meschkowski, H., Zahlen. 174 S. mit Abb. 1970. (Wv)

Band 2: Meschkowski, H., Funktionen. 179 S. mit Abb. 1970. (Wv)

Band 3: Meschkowski, H., Elementare Wahrscheinlichkeitsrechnung und Statistik. 188 S. 1972 (Wv)

Band 4: Lingenberg, R., Einführung in die Lineare Algebra. Etwa 200 S. 1974. (Wv)

Band 9: Fuchssteiner, B./D. Laugwitz, Funktionalanalysis. 219 S. 1974. (Wv)

Reihe: Informatik

Herausgegeben von Prof. Dr. Karl Heinz Böhling, Universität Bonn, Prof. Dr. Ulrich Kulisch und Prof. Dr. Hermann Maurer, Universität Karlsruhe.

Diese Reihe enthält einführende Darstellungen zu verschiedenen Teildisziplinen der Informatik. Sie ist hervorgegangen aus der Zusammenlegung der Reihen „Skripten zur Informatik" (Hrsg. K. H. Böhling) und „Informatik" (Hrsg. U. Kulisch).

Band 1: Maurer, H., Theoretische Grundlagen der Programmiersprachen – Theorie der Syntax. 254 S. 1969. (Bd. 404)

Band 2: Heinhold, J./U. Kulisch, Analogrechnen. 242 S. mit Abb. 1969. (Bd. 168)

Band 4: Böhling, K. H./D. Schütt, Endliche Automaten.
Teil II: 104 S. 1970. (Bd. 704)

Band 5: Brauer, W./K. Indermark, Algorithmen, rekursive Funktionen und formale Sprachen. 115 S. 1968. (Bd. 817)

Band 6: Heyderhoff, P./Th. Hildebrand, Informationsstrukturen – (Eine Einführung in die Informatik). 218 S. 1973. (Wv)

Band 7: Kameda, T./K. Weihrauch, Einführung in die Codierungstheorie.
Teil I: 218 S. 1973. (Wv)

Band 8: Reusch, B., Lineare Automaten. 149 S. mit Abb. 1969. (Bd. 708)

Band 9: Henrici, P., Elemente der numerischen Analysis.
Teil I: Auflösung von Gleichungen. 227 S. 1972. (Bd. 551)
Teil II: Interpolation und Approximation, praktisches Rechnen. IX, 195 S. 1972. (Bd. 562)

Band 10: Böhling, K. H./G. Dittrich, Endliche stochastische Automaten. 138 S. 1972. (Bd. 766)

Band 11: Seegmüller, G., Einführung in die Systemprogrammierung. Etwa 480 S. mit Abb. 1974. (Wv)

Band 12: Alefeld, G./J. Herzberger, Einführung in die Intervallrechnung. XIII, 398 S. mit Abb. 1974. (Wv)

Band 14: Böhling, K. H./B. v. Braunmühl, Komplexität bei Turingmaschinen. 316 S. mit Abb. 1974. (Wv)

Band 15: Peters, F. E., Einführung in mathematische Methoden der Informatik. 349 S. 1974. (Wv)

Reihe: Theoretische und experimentelle Methoden der Regelungstechnik

Herausgegeben von Gerhard Preßler, Hartmann & Braun, Frankfurt.

Die Reihe wendet sich an Studenten und praktizierende Ingenieure, die mit der Entwicklung in diesem Gebiet der technischen Wissenschaften Schritt halten wollen.

Isermann, R.: Experimentelle Analyse der Dynamik von Regelsystemen (Identifikation I). 276 S. mit Abb. 1971. (Bd. 515)

Isermann, R.: Theoretische Analyse der Dynamik industrieller Prozesse (Identifikation II).
Teil I: 122 S. mit Abb. 1971. (Bd. 764)

Klefenz, G.: Die Regelung von Dampfkraftwerken. 229 S. mit Abb. 1973. (Bd. 549)

Leonhard, W.: Diskrete Regelsysteme. 245 S. mit Abb. 1972. (Bd. 523)

Preßler, G.: Regelungstechnik. 348 S. mit Abb. 1967. (Bd. 63)

Schlitt, H./F. Dittrich: Statistische Methoden der Regelungstechnik. 169 S. 1972. (Bd. 526)

Schwarz, H.: Frequenzgang- und Wurzelortskurvenverfahren. 164 S. 1968. (Bd. 193)

Starkermann, R.: Die harmonische Linearisierung.
Band I: 201 S. mit Abb. 1970. (Bd. 469)
Band II: 83 S. mit Abb. 1970. (Bd. 470)

Starkermann, R.: Mehrgrößen-Regelsysteme.
Band I: 173 S. mit Abb. 1974 (Wv)

Reihe: Mathematik für Wirtschaftswissenschaftler

Herausgegeben von Prof. Dr. Martin Rutsch, Universität Karlsruhe.

Diese im Aufbau befindliche Reihe bringt Einführungen, die nach Konzeption, Themenauswahl, Darstellungsweise und Wahl der Beispiele auf die Bedürfnisse von Studenten der Wirtschaftswissenschaften zugeschnitten sind.

Band 1: Rutsch, M., Wahrscheinlichkeit.
Teil I: 344 S. mit Abb. 1974. (Wv)

Band 3: Rutsch, M./K.-H. Schriever, Aufgaben zur Wahrscheinlichkeit. 263 S. mit Abb. 1974 (Wv)